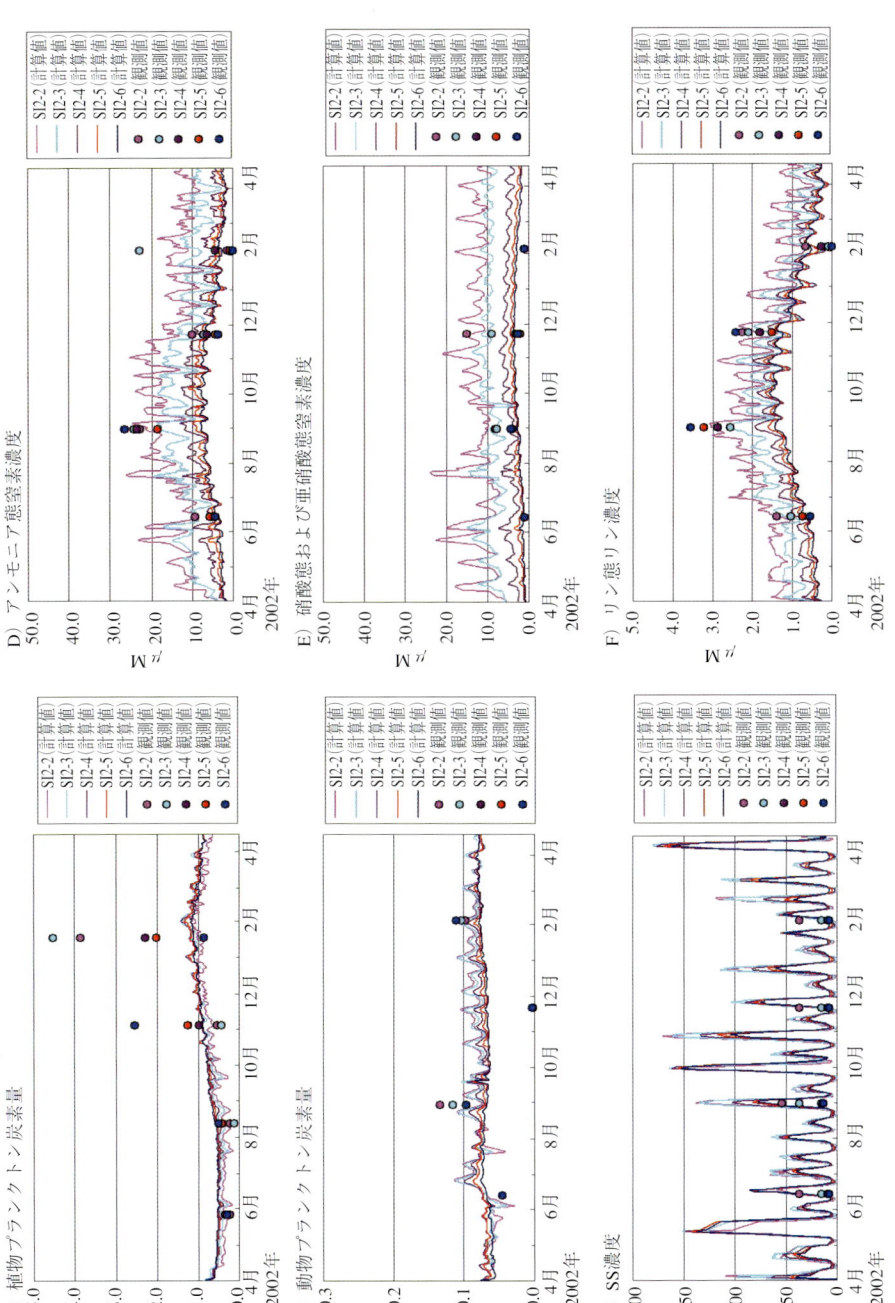

図6・3 有明海泥質干潟に適用した浮遊系−底生系結合生態モデルの出力結果．浮遊系項目の観測値と計算結果の比較（測線SI-2）

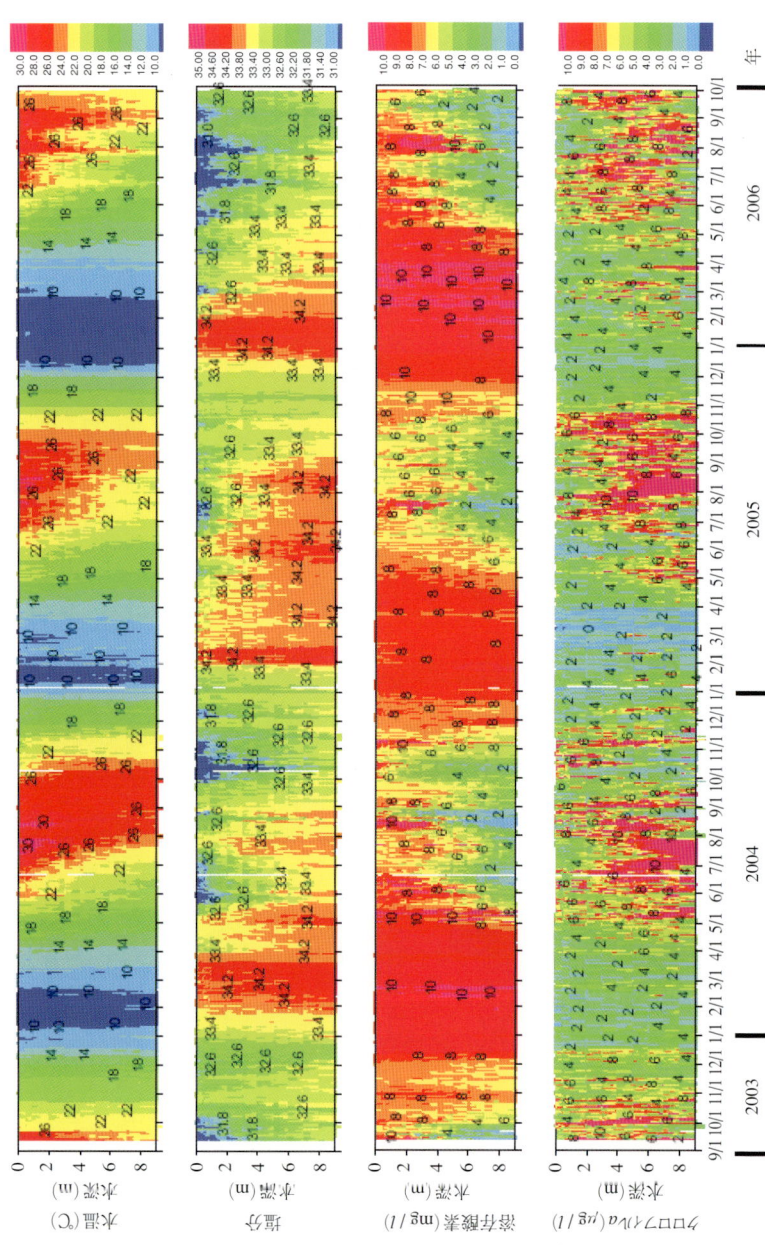

図9・8 英虞湾の湾奥水質観測局における自動環境モニタリングシステムによる観測データの表示例（2003～2006）

水産学シリーズ

156

日本水産学会監修

閉鎖性海域の環境再生

山本民次・古谷　研　編

2007・10

恒星社厚生閣

まえがき

　水質汚濁防止法（1971年）において，とくに水質汚濁が著しいために負荷の削減などの改善措置が必要であるとされた閉鎖性海域は，東京湾・伊勢湾および大阪湾を含む瀬戸内海であった．これらの海域では，化学的酸素要求量（COD）で表される有機物やリン・窒素などの負荷の削減対策が取られてきた．とくに，瀬戸内海については島嶼部のほとんどが国立公園に指定され，風光明媚であるため，その自然を特別に保全する必要があるとの観点から，瀬戸内海環境保全臨時措置法（1973年）およびその後の瀬戸内海環境保全特別措置法（1978年）によって環境が保全されてきた．しかしながら，負荷量が明らかに削減されているにも関わらず，海域の水質基準達成率ははかばかしくなく，全リン（TP）や全窒素（TN）などの濃度は思ったほど減少していない海域がいまだに多い．

　ただし，大阪湾を除く瀬戸内海域では，ノリの色落ちやカキ・アサリなどの漁獲量の減少が明らかで，貧栄養化の過程に入っていることが指摘されている[1]．中央環境審議会答申（2005年5月）として提出された「第6次水質総量規制の在り方」の中では，「大阪湾を除く瀬戸内海での規制は見送る」こと，および「窒素やリンも適度であれば漁業にプラスであり，澄んだ海と魚の豊富な海は必ずしも両立しない」ことを述べ，それまでの負荷削減一辺倒のやり方から海域の自浄作用や漁業生産を意識した施策への大きな転換を行うべきであることが示された．

　1993年には水質汚濁防止法の一部改正により，閉鎖性海域は前述の3大海域に加えて新たに85海域が追加指定され，全部で88海域となった．つまり，必ずしも汚濁負荷が大きくなくても閉鎖度が高い海域すべてに同様の施策が拡張される形となった．これらの海域の中には2000年の冬にノリの色落ちで問題となった有明海も含まれている．新たに指定された閉鎖性海域は，3大閉鎖性海域と異なり，それまで予算措置もほとんどなく，定期的なモニタリングは行われてこなかった．つまり，あとから閉鎖性海域に追加指定された海湾では，3大海域と比較してすでに30年ほどのモニタリング体制を含めた行政による取

り組みの遅れがある．例えば，有明海では「有明海・八代海環境保全特別措置法」が成立して体系的なモニタリングが開始されたのは2002年になってからである．そのため，ノリの色落ち問題においては，十分な科学的解析が行えず，諫早湾の潮受け堤防による閉め切りの影響がどれくらい有明海全体の生態系に対して影響を与えたのかということを十分に明らかにできなかった．

　閉鎖性海域は，元々高い生産性が維持されている場であるが，魚介類の養殖が盛んに行われているうえに，海水交換が悪く物質の滞留時間が長いことが考えられる．そのような閉鎖性海域の環境保全は，水質の改善にとどまらず，そこに生息する生物，とりわけ水産上有用な生物の生息環境保全という観点が必要である．3大海域以外の閉鎖性海域においても，中には環境保全のためのプロジェクトが単発的に行われることもあり，集中的に資金を投じて観測・現場実験・数値モデル解析などを行うことで，大きな成果を上げているところもある．

　本書は，3大海域をはじめとした閉鎖性海域で行われている環境保全の取り組み事例を紹介することで，それらの環境問題の共通点・相違点など洗い出し，今後どのような方向で閉鎖性海域の修復・再生を行えばいいのか，そのビジョンを示すことをねらいとするものである．

1) T. Yamamoto : The Seto Inland Sea-Eutrophic or oligotrophic? *Mar. Poll. Bull.*, 47, 37-42（2003）．

2007年7月

山本民次

閉鎖性海域の環境再生　目次

まえがき ……………………………………………………（山本民次）

Ⅰ．総　論
1章　環境再生に対する考え方と取り組み
………………………………………（山本民次）…………9

　§1．閉鎖性海域の特徴とわが国の対策（9）　§2．富栄養化と貧栄養化（11）　§3．海水交換と赤潮（17）　§4．生産と分解のバランス（18）　§5．食物連鎖と物質循環（20）　§6．浮游系と底生系のカップリング（22）　§7．技術の組み合わせと順応的管理（23）　§8．多様な主体の参加と環境教育（25）

Ⅱ．主要三大閉鎖性内湾
2章　土木工学的アプローチ－東京湾を例にして－
………………………………………（古川恵太）…………28

　§1．海辺の再生に向けた4つの視点（28）　§2．変化してきた目標設定（31）　§3．様々なスケール・視点からの場の理解（33）　§4．干潟づくりを例にした具体の手法開発（38）　§5．システム化の重要性（まとめに代えて）（41）

3章　大阪湾での環境再生と環境修復技術
………………（上嶋英機・大塚耕司・中西　敬）…………44

　§1．大阪湾の環境（45）　§2．環境再生の動向と課題（46）　§3．尼崎港内における環境修復技術の効果検証（47）　§4．閉鎖性海域の環境再生を進めるために（55）

4章 広島湾生態系の保全と管理
················(橋本俊也・青野 豊・山本民次)············57
§1．広島湾の概要(57)　§2．生態系モデルを用いた
カキ養殖の影響評価(59)　§3．結語(65)

Ⅲ．その他の海湾
5章 有明海・八代海の環境再生－熊本県のとりくみ
················(滝川 清・斉藤信一郎・園田吉弘)············69
§1．背景と目的(69)　§2．取り組みの経緯(70)
§3．熊本県沿岸域の地域特性(72)　§4．意見交換
会の実施と課題の抽出(78)　§5．再生のあり方と
マスタープラン（提言）(80)　§6．主要な結果と課
題(82)

6章 有明海泥質干潟に対する浮遊系－底生系結合生態系モデルの適用
···········(中野拓治・安岡澄人・畑 恭子・中田喜三郎)············86
§1．対象領域(86)　§2．モデルの概要(87)
§3．計算領域と計算条件など(92)　§4．モデルの
再現性の検討(93)　§5．モデルの適用(95)
§6．結論(98)

7章 浜名湖の環境と保全への取り組み …(今中園実) ········101
§1．浜名湖の概要(101)　§2．浜名湖における水質
改善対策の抽出(103)　§3．浜名湖における人工干潟
実証試験(106)　§4．これからの浜名湖保全に向け
て(114)

8章　宍道湖におけるヤマトシジミ生産環境の保全
　　　　　　　　………………………………………（中村由行）………117
　§1．汽水域の特徴とヤマトシジミ(*117*)　§2．宍道湖の水質環境・生態系の変遷(*120*)　§3．宍道湖における水質・物質循環に関する観測(*124*)　§4．モデルによる解析(*131*)　§5．沿岸海域の修復への提言(*136*)

9章　英虞湾再生プロジェクトの展開と将来展望
　　　　　　　　………………………………………（松田　治）………139
　§1．プロジェクトの全体像とその背景(*139*)
　§2．「新しい里海」にふさわしい干潟造成法(*142*)
　§3．環境モニタリングから環境動態予測へ(*149*)
　§4．多様なグループの連携(*154*)　§5．さらなる連携の深化と地域の結集に向けて(*159*)

Environmental Restoration of Semi-enclosed Seas

Edited by Tamiji Yamamoto and Ken Furuya

Preface   Tamiji Yamamoto

Ⅰ. An overview

   1. Concepts and approaches to environmental issues of semi-enclosed coastal seas   Tamiji Yamamoto

Ⅱ. Major three largest semi-enclosed bays

   2. Engineering approach for coastal ecosystem restoration
 　　　-Tokyo Bay's experience-   Keita Furukawa

   3. Environmental restoration programs and technologies in Osaka Bay
 　　　　　　　　Hideki Ueshima, Koji Otuka and Takashi Nakanishi

   4. Conservation management of the Hiroshima Bay ecosystem
 　　　　　　Toshiya Hashimoto, Yutaka Aono and Tamiji Yamamamoto

Ⅲ. Other local basins

   5. Rehabilitation of Ariake Bay and Yatsushiro Bay-The trial of Kumamoto Prefecture-
 　　　　　　　Kiyoshi Takikawa, Shin-ichiro Saito and Yoshihiro Sonoda

   6. An application of pelagic-benthic coupled ecosystem model to the Ariake Bay tidal mud flat   Takuji Nakano, Sumito Yasuoka, Kyouko Hata and Kisaburo Nakata

   7. Present status and environmental conservation approaches to Lake Hamana   Sonomi Imanaka

   8. Environmental conservation for sustainable biological production of bivalve *Corbicula japonica* in Lake Shinji   Yoshiyuki Nakamura

   9. Present status and future perspectives of Ago Bay restoration project
 　　　　　　　　　　　　　　　　　　　　　　　Osamu Matsuda

I. 総論

1章　環境再生に対する考え方と取り組み

山 本 民 次*

§1. 閉鎖性海域の特徴とわが国の対策

　閉鎖性海域は，海水交換が悪いために，系内での物質の滞留時間が長いのが基本的特徴である．したがって，閉鎖性海域に対する物質の負荷が増加すると，容易に富栄養化する．閉鎖性海域における一般的な物質循環パターンを図1·1に示した．生活や産業に水が必要であるため，多くの都市は河川下流域に発達し，富栄養化を引き起こす原因物質であるリンや窒素などの負荷は，大都市を背後にもつ閉鎖性海域で大きい．ある程度の閉鎖性とある程度の栄養塩負荷は生態系を豊かにし，漁業生産の向上につながるが，過度の物質負荷により，赤潮が頻発することも珍しくない．

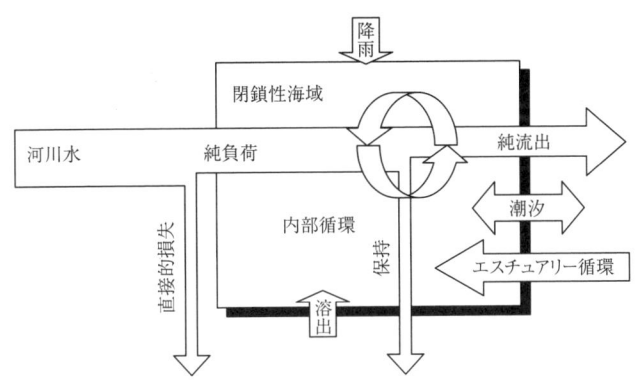

図1·1　閉鎖性海域におけるP, Nなどの物質の循環を表す概念図．
図中，「直接的損失」とは河川水が海域に出る河口域において，粒状物などの沈降や，電気的凝集によってリンなどがフロック化して沈降することを指す．「保持」は湾内における"retention"であり，主に底泥への堆積を指す．「純流出」とは，湾外部との境界域において，図にも示したように，潮汐やエスチュアリー循環などがあるので，それらの差し引きとしての正味の流出を意味する．山本[1]を改変．

---

* 広島大学大学院生物圏科学研究科

河川水が流入して，塩分低下が見られる閉鎖性海域を「エスチュアリー」と呼ぶが，エスチュアリーでは河川水流入に伴う上出下入の鉛直循環「エスチュアリー循環」が生じ，海水交換が促進される．しかし一方で，淡水と海水の塩分差による密度躍層の発達により，下層への酸素供給が妨げられて，貧酸素になることも多い．貧酸素水塊の形成やそれにともなう硫化水素の発生は，底生生物の生息を危機に陥れる．浅海域の生態系は浮遊系と底生系が食物連鎖を通して密に関係して機能しているのは疑う余地がなく（とは言ってもこの分野の研究はいまだに不十分であるが），底生生態系の崩壊は閉鎖性海域生態系全体の崩壊につながることは容易に想像できる．

　環境省（1970年代当時，環境庁）は，大都市を抱える3大閉鎖性海域（東京湾，伊勢湾，大阪湾を含む瀬戸内海）をターゲットとして，水質汚濁防止法（これに加え，瀬戸内海については一連の瀬戸内法）により，流入負荷の削減を中心とした対策を取ってきた．これらの海域ではいまだに汚濁状況が改善されないケースも多いが，後述するように，大阪湾を除く瀬戸内海西部海域では「貧栄養化」現象が見られ，漁獲量の低下に顕著に反映している．このような状況を鑑み，中央環境審議会は第6次水質総量規制のあり方答申において，「窒素やリンも適度であれば漁業にプラスであり，澄んだ海と魚の豊富な海は必ずしも両立しない」ことを認識し，「大阪湾を除く瀬戸内海での規制は見送る」とした[2]．

　さて，環境省は1993年の水質汚濁防止法の一部改正において，「閉鎖度指標」を提案し（図1・2），これが1.0以上の海域を閉鎖性海域と定義した．

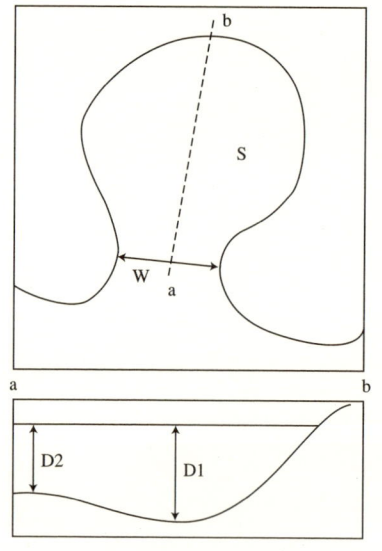

図1・2　「閉鎖度指標」の考え方[3]．
$\sqrt{S \cdot D_1}/W \cdot D_2$ を「閉鎖度指標」と定義し，これが1.0以上を閉鎖性海域と判断．S：当該海域の面積（km²），W：当該海域と他の海域との境界線の長さ（km），D_1：当該海域の最深部の水深（m），D_2：当該海域と他の海域との境界における最深部の水深（m）．上図：平面図，下図：上図a-bの断面図．

これにより，88海域が閉鎖性海域として指定された[3]．例えば，2000年の冬にノリの大凶作が諫早湾干拓との関係があるかどうかで問題となった有明海なども島原湾とともに，この中に入れられた．これら新たに指定された88海域の多くは水質汚濁防止法に則った組織的なモニタリングが行われてきておらず，例えば有明・八代特別措置法は2002年に施行され，先の3大閉鎖性海域に比べれば約30年の遅れがある．88閉鎖性海域の環境の特徴は「日本の閉鎖性海域（88海域）環境ガイドブック」[3]にまとめられている．さらに，閉鎖性海域の環境状態を診断するためのガイドラインとして「海の健康診断」[4]が提示されているので，参考になる．

一方，国土交通省は都市再生計画の一環として，「全国海の再生プロジェクト」を展開している．すでに東京湾と大阪湾については，2003年と2004年にそれぞれ「行動計画」を策定した[5,6]．これらに続いて，伊勢湾と広島湾の再生行動計画が2007年3月に発表された[7,8]．行動計画の中にはそれぞれの湾の環境再生の目標（スローガン）が掲げられており，アピールポイントあるいはアピールエリアを複数点設けて住民参加のモニタリングを行い，中間評価も織り交ぜて10年後の目標達成を目指している．

閉鎖性海域に共通した特徴とわが国の対策は以上の通りであり，以下には，閉鎖性海域についてこれまでに明らかとなってきた事象と何をなすべきかについて，学術面からポイントをまとめてみたい．

§2．富栄養化と貧栄養化

閉鎖性海域では物質の滞留時間が長いために，リンや窒素など親生物元素の負荷量が増加すると富栄養化する．これらのことについては，すでに多くの研究の蓄積がある．一方，貧栄養化のプロセスについては，十分に理解されていないので，以下に述べる．

生態系の中での物質循環における「ストック」と「フロー」という，最も基本的な概念から説明してみよう．図1・3に示したように，同じ容積の入れ物（湾）を考え，片方（a）は栄養塩負荷が小さく海水交換が小さい，もう片方（b）は栄養塩負荷が大きく海水交換も大きい場合を想定する．まず，この湾の中に生物が何もいない場合は，後者（b）の方が湾内の栄養塩濃度が高いことは容

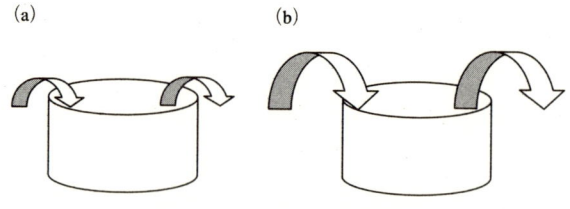

図1・3　ストックとフローの概念.
同じ容積の2つの内湾を想定する．(a)は栄養塩負荷が小さく，海水交換が小さい，(b)は栄養塩負荷が大きく，海水交換が大きい．単に栄養塩負荷量と海水交換率のみを考えれば，どちらが富栄養かは想像できるが，系内に植物プランクトンやその他高次の生物が生息していて食物連鎖が成り立っている場合は，(a)と(b)のいずれが富栄養になるかは簡単にはわからない．

易に理解できる．さて，これらの湾の中に植物プランクトンが存在する場合は(a)と(b)のどちらが富栄養化するであろうか？　ここで植物プランクトンが増えて濁りが増した状態を富栄養な状態と考えると，栄養塩の負荷は(b)の方が多いものの，植物プランクトンの増殖速度には限りがあるので，海水交換がそれ以上に大きいと湾の外へ流されてしまう．このような状況では，(b)は栄養塩濃度が高いものの，濁りがないので富栄養な印象は受けない．(a)では，逆に栄養塩負荷は小さいが，植物プランクトンの増殖に要する時間が十分あるため，赤潮に至る可能性があり，富栄養な状況とみなされる場合がある．

　さて，ストックとフローについて，モニタリングに関連し，別の観点からさらに説明を加えたい．図1・4は瀬戸内海に対するTPとTNの発生負荷量と海水中のそれらの濃度の年変動である．瀬戸内海では1980年からリンの削減指導が行われ，1994年には窒素も削減指導対象となり，2001年の第5次水質総量規制においてリン・窒素とも総量規制の対象となった．これらの措置を反映し，リンについては1980年以降，窒素については1994年以降の発生負荷量が明らかに減少している（図1・4a，b）．それにも関わらず，図1・4cに示したように，海域のTP・TN濃度にはほとんど変化がない．これまで，環境行政に携わっておられる方々や海域環境を専門とされる研究者から「こんなに努力して陸域からの負荷量を削減しているのに，どうして海はきれいにならないんだ」という言葉を繰り返し聞いてきた．

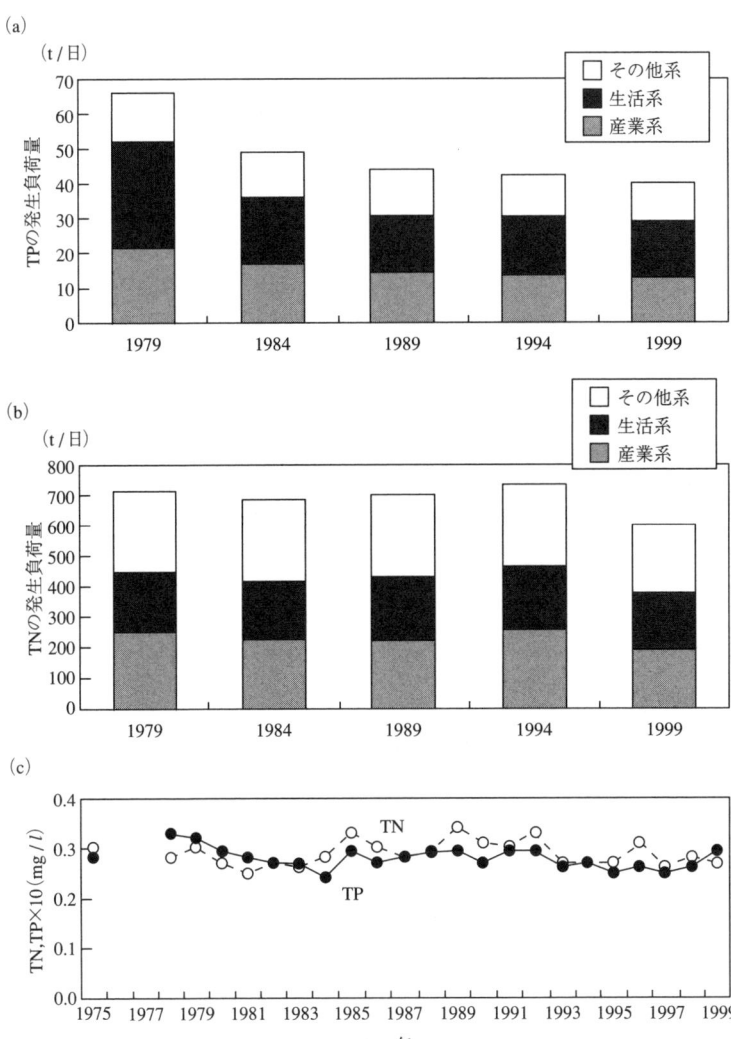

図1・4 瀬戸内海に対する (a) 全リン (TP) および (b) 全窒素 (TN) の発生負荷量[9]と (c) 海水中でのそれらの濃度変化[10].

「ストックとフロー」の考え方は物質循環の研究において最も基本的な概念であるが、それほど簡単に理解できるものではないようである．「ストック」と「フロー」はコンビニの「在庫の量」と「仕入れ」にそれぞれ相当する．例えば，コンビニでは売れた商品がすぐに補充されるので，棚には常に同じ数（あるいは量）の商品が並んでいる．これを見て，商品が「売れてない」と判断するのは間違いであることは誰でもわかるであろう．コンビニでは何が売れているかはコンピュータで管理されており，すぐに補充されるので，常に商品が棚からなくならないように努力しているからである．これと同じで，海水中のTP・TNのモニタリング・データは，在庫の量を測っているのであるから，負荷されたTPやTNが系外と交換される割合や系内における他の形態との変化量がわからなければ，海水中のTP・TNの濃度が変化しない理由はわからないのである．

　瀬戸内海のTP・TN濃度については，系外（太平洋側）からの流入量が大きいので，陸域からの流入負荷が減ってもTP・TN濃度の変化につながらないという報告もある[11]．しかしながら，赤潮発生件数がピーク時の約300件から1/3の約100件程度にまで減少したことからもわかるように，陸域からの流入負荷の削減効果は十分に現れている．この場合，系外へ出て行く量が減少するという特別な理由は考えられないので，ストックが同じで流入量が減ったということから，1つにはどこからか入ってくる量が増えたということが考えられる．一番尤もらしいのは，底泥からの溶出である．水中の物質濃度が低下すると相対的に底質中との濃度差が大きくなるので，その分，底泥から溶出する量が大きくなるであろう．

　もう1つ重要であると思われるのは（筆者はこちらの方が重要であると考えている），このような陸からの物質負荷の減少の過程では，系内の生物へのPやNの転換量を小さくしてしまうことである．赤潮発生件数の減少もその1つである．図1・5には，瀬戸内海全体の漁獲量，広島湾のカキ生産量，周防灘のアサリ漁獲量の推移を示した．これらはいずれも急激な減少を示しており，かなり危機的状況にあるように思われる．先に述べたように，ストックとして測定されているのはTP・TNであり，この中には肉眼で認識できるサイズの生物などは含まれていない．系に入ってくる物質量が減少し，系内のTPやTNの

1章 環境再生に対する考え方と取り組み 15

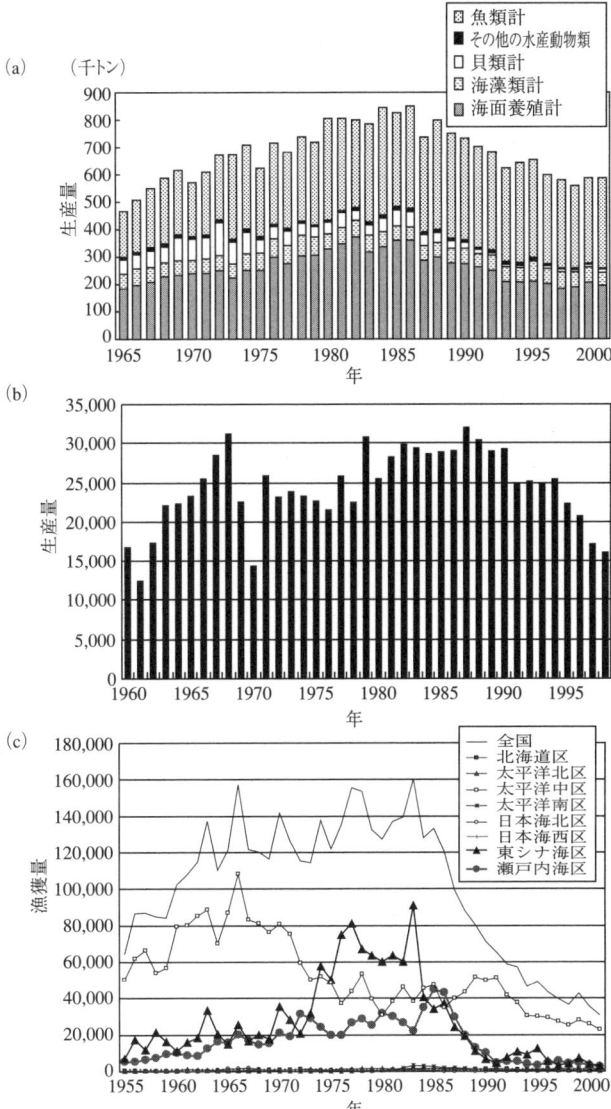

図1・5 (a) 瀬戸内海における漁業生産量の推移[9]，(b) 広島湾におけるカキ生産量の推移（農林水産省統計情報部資料より作成），および (c) 海域別アサリ漁獲量の推移（(独) 水産総合研究センター瀬戸内海区水産研究所，浜口提供）．いずれも1985年あたりをピークとして急減．(c) については，瀬戸内海区以外に東シナ海区でも減少が見られる．

ストックは変わらないのであるから，系内に生息する生物へのフローが小さくなるということが起こっていて当然である．富栄養化の進行に対して，負荷の削減がなされ，流入フローが継続的に減少してゆく過程では，系内部の循環量の減少が起こる．流入負荷が増加してゆく過程を「富栄養化」と呼ぶのに対して，流入負荷が減少してゆく過程を「貧栄養化」と呼ぶ．以上述べてきたように，「富栄養化」とか「貧栄養化」という"傾向"を表す言葉と「富栄養」，「貧栄養」という"状態"を表す言葉は異なるということを理解して，明確に区別して使う必要がある[12]．

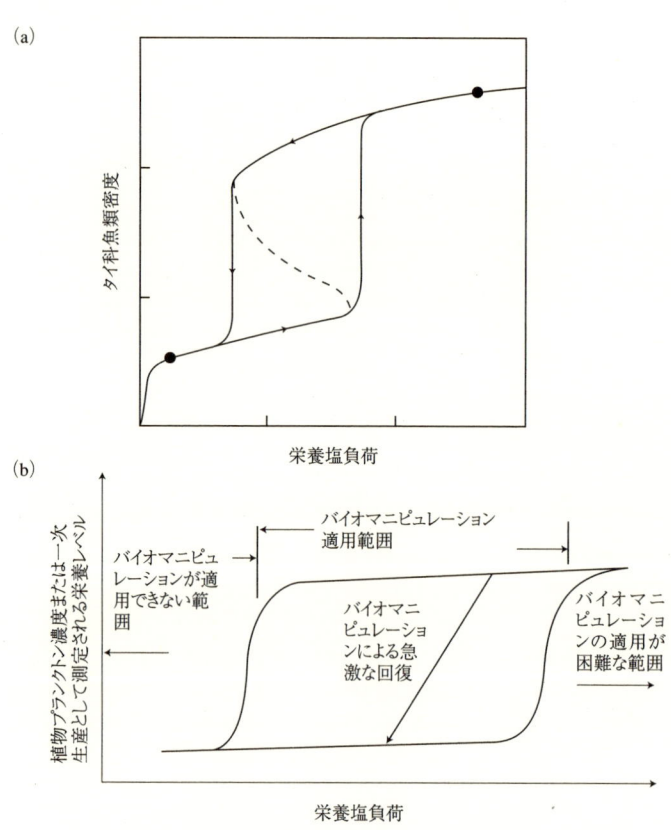

図1・6 （a）富栄養化の過程から貧栄養化の過程に移行する際に見られるヒステリシス[13]．（b）富栄養化と貧栄養化の過程における生物学的生態系操作（バイオマニピュレーション）適用の効果の違い[14]．

図1・6aには富栄養化と貧栄養化の過程における生態系の応答として，魚類の生息密度を示してある．これを見てわかるのは，富栄養化の過程と貧栄養化の過程では，辿る道が違うことである．つまり，栄養塩負荷が大きくなって，あるレベルを超えると急に魚類密度が高くなり，貧栄養化の過程でも，栄養塩負荷があるレベル以下になると急に魚類密度が低下するということであり，両者ともかなりカタストロフィックな現象である．このような現象をヒステリシス（hysteresis，履歴現象）と言い，すでに生態学ではよく知られていることである[13]．また，瀬戸内海では常に最大限の漁獲圧がかかっていると考えられ，漁獲は特定の魚種を間引くという点で生物学的生態系操作（biomanipulation）と同じであるので，図1・6bに示したように，ヒステリシスは非常に強調された形で現れると考えられる[9]．瀬戸内海におけるTP負荷量と赤潮発生状況および漁獲量の関係が，ともに見事にヒステリシスを伴って推移してきたことはすでに別に述べた[12]．これまで，富栄養化対策一点張りで行ってきたわが国の閉鎖性海域の環境施策としては，新たに直面する問題であり，今後の閉鎖性海域対策として取り組むべき課題の1つとされている[15]．

§3. 海水交換と赤潮

赤潮は富栄養化の表現型ともいえる現象であるが，すでに図1・3に示したように，海水の交換は赤潮の発生と密接な関係がある．すなわち，海水交換率が赤潮形成プランクトンの増殖速度よりも大きければ赤潮にはならない．問題となる閉鎖性海域の多くは河川水の流入がある，いわゆるエスチュアリーであるので，海水交換率は塩分を指標としてボックスモデルで計算することができる．ただし，そのためには定期的な塩分のモニタリングを必要とし，ボックスモデル解析は先の「閉鎖度指標」と比べると少し高度な技術を必要とする．詳しい計算方法などは筆者がいくつか他に示しているので，それらを参考にされたい[16, 17]．

例えば一例として，筆者は愛知県三河湾における赤潮発生状況を海水交換率と比較して，興味深い知見を得ている[17]．モニタリングされた赤潮の記録をたどり，発生した種ごとに海水交換率と比較したところ，海水の動きに受動的な珪藻類の場合は基本的に増殖速度が海水交換率を上回ることで赤潮を形成して

いるが，鞭毛藻の場合は増殖速度が小さいにもかかわらず赤潮を形成していることがわかった．つまり，鞭毛藻の場合は遊泳を行うことで，例えば上出下入のエスチュアリー循環パターンを利用して湾内に留まり，赤潮として視認される細胞密度に至ることができていると想像できる．

§4. 生産と分解のバランス

　系が富栄養化の方向に向かっているのか，貧栄養化の方向に向かっているのかを診断する方法がある．光合成と呼吸の差を純光合成量というのと同じように，系全体の一次生産と呼吸・分解の差を見積もるものであり，これを「純生態系代謝量」(NEM ; Net Ecosystem Metabolism) という．炭素量としてNEMを算出したいが，炭素にはガス態の二酸化炭素として大気とのやり取りがある上，海水中では炭酸塩プールが大きく，炭素の計算によって直接NEMを求めることは不可能である．また，窒素も同様にガス態があるので，無理である．したがって，LOICZ (Land-Ocean Interaction in Coastal Zones) Working Groupでは，リンの収支を計算して，これを炭素量に換算することを提案している[18]．

　具体的には，系に流入するTDP (全溶存態リン) の実測値および海水中のそれらの実測濃度を用い，先に述べたボックスモデルで算出された海水交換率を使い，その収支を計算する．それらの差し引きの余りとして，系内部でTDPが減少していれば，その分，一次生産に利用されたとみなすことができる．逆に，TDPが増加していれば，呼吸・分解が一次生産よりも相対的に大きいということが言える．通常のモニタリングにおいては，TDPはほとんど測定されておらず，よく測定されるのはDIP (溶存態無機リン) である．藻類の中にはDOP (溶存態有機リン) を利用するものもあるので，DIPとDOPの合計量であるTDPを用いて計算をするのが最良であるが，DOP濃度の変動は小さく，藻類の利用率が高いDIPの値だけを使って計算してもそれほど大きな間違いではないとされている[18]．リンから炭素への換算は，レッドフィールド比 (C:P＝106:1)[19] を用いる．

　さらに，同じことを窒素の観測値について行い，一方で先のリンの収支計算結果をレッドフィールド比 (N:P＝16:1) を用いて計算される値 (期待値) を

求め,それらの差を純脱窒量(ND ; Net Denitrification)と見なすことが可能である.これらNEMとNDを求める一連のエレガントな手法については,紙面の都合上詳細を述べることはできないので,先のGordon et al.[18]あるいはYamamoto et al.[20]などを参考にされたい.

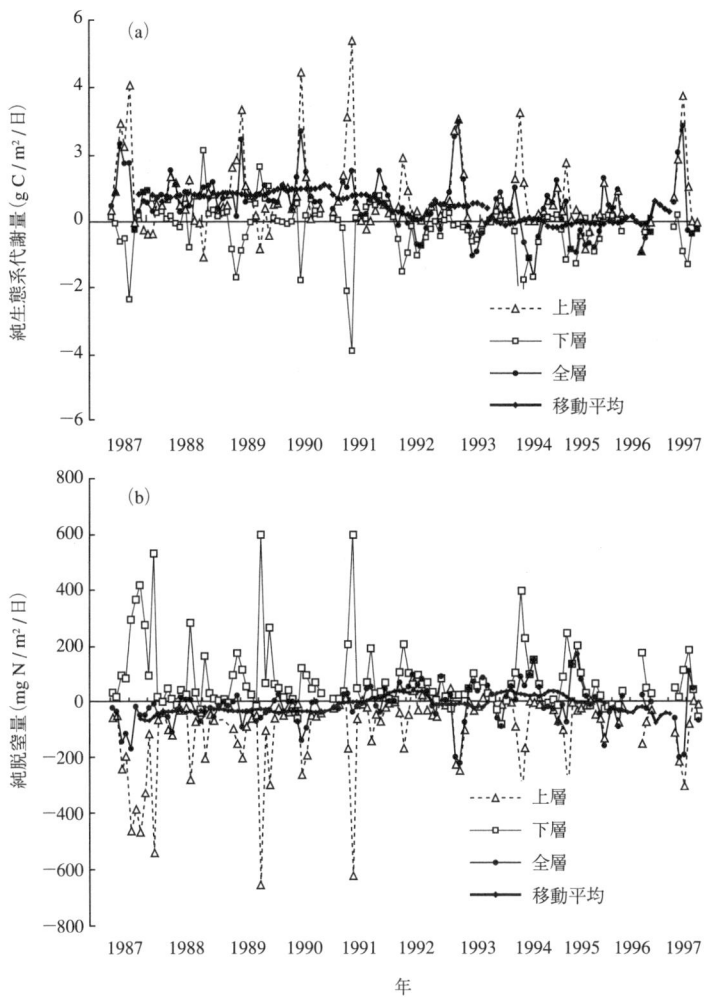

図1・7 広島湾北部海域にについて計算された(a)純生態系代謝量(NEM)と(b)純脱窒量(ND)の経年変化[16].1987-1997.

この方法で求められた広島湾北部海域のNEMおよびNDの長期変動を図1・7に示した．広島湾北部海域では1991年あたりまではNEMは正の値を取っていた．つまり，系全体として生産のセンスであったと言える．ところが，その後はプラスマイナスゼロ付近で推移しており，このことは系が生産的でなくなったことを意味している．NDはやはり1991年頃までマイナスで，窒素固定量が脱窒量を相対的に上回っていたが，それ以降はプラスに転じ，脱窒量が相対的に大きくなったことを示している．NEMが正からほぼゼロに，NDが窒素固定から脱窒のセンスに移行した1991年頃からカキ生産量が一気に下降に転じたことは図1・5cを見れば明らかである．つまり，NEMがゼロということは高次生産に物質がほとんど回らないということを意味している．同様のことは，周防灘や大阪湾を除く瀬戸内海でも起こっていると想像される．

§5. 食物連鎖と物質循環

上述のボックスモデルによる物質収支計算は，いわば箱（系）に入ってくるものと出てゆくものを足し算・引き算して，系内部での物質量の増減を計算するというものである．この計算では，系内部に生息する生物どうしの相互作用は考慮されていない．実際には，系内部には微生物から大型生物まで無数の生物が生息しており，それらの間には，食う－食われるの関係がある．さらに，生物はそれらを取り巻く環境から影響を受けているだけでなく，環境に対しても，例えば排泄や呼吸を通して影響を及ぼしている．

先の富栄養化と貧栄養化が漁業生産にどのように影響するのかという問題を，生態系内部の食物連鎖構造を想定して考えてみよう（図1・8a）[12]．栄養塩・植物プランクトン・動物プランクトン・魚という4つの食段階があり，植物プランクトンと動物プランクトンは海水に対して受動的であるとみなし，系外への流失あるいは沈降による損失を考える．一方，魚は漁獲による損失を想定する．各食段階の時間変化について定式化し，定常状態について解くと，図1・8bに示したように，富栄養化が進行する場合には，植物プランクトンと魚が増えるが，栄養塩濃度と動物プランクトン現存量は変化しない．一方，貧栄養化が進行する場合には，その逆で，植物プランクトンと魚が減り，やはり栄養塩濃度と動物プランクトン現存量は変化しない．詳細は山本[12]に譲るが，

このことは負荷の削減をしてもなかなか海水中のTPやTN濃度に効果が現れないことや植物プランクトンと魚が減ることをよく説明する．このことを理解するのは容易ではないが，閉鎖性海域の環境問題を考える上で海域内部での食物連鎖を無視できないことは明らかである．

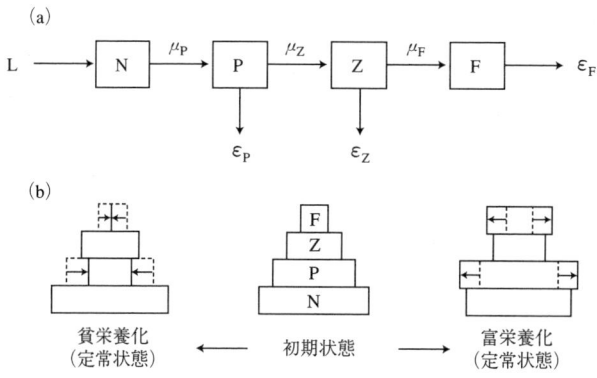

図1・8 （a）生態系の食物連鎖構造と（b）富栄養化および貧栄養化の定常状態での生態系ピラミッド構造[12]．N：栄養塩，P：植物プランクトン，Z：動物プランクトン，F：魚．μ_P, μ_Z, μ_F はそれぞれ食べられることによる移行量，ε_P, ε_Z は流失や沈降による系外への損失，ε_F は漁獲による損失．

植物プランクトンによる海水の着色や濁りが高いことが富栄養状態であるとするならば，これを軽減するためには，負荷の削減という"bottom-up"だけでなく，食う-食われるの関係を利用した"top-down"が有効であることは，湖沼における生物学的生態系操作実験から明らかである．つまり，植食動物を食べる生物を捕食する魚を導入することで，それまでかかっていた捕食圧が減少したため植食動物が増加し，植物プランクトン現存量は減少する[21]．これによって，負荷量はそのままで富栄養状態は解消し，漁獲量を高く維持することができる．したがって，植食動物を捕食する魚類を対象とした漁業は富栄養化対策と食料問題の両立をめざす最良の対策として奨励されるべきであろう．「今後の閉鎖性海域対策に関する懇談会」[15]では，閉鎖性海域の環境対策をこれまでの負荷削減に加え，海域内部での食物連鎖を通した物質循環の改善の取り組みの重要性を確認した．そういう意味では，今後の閉鎖性海域の環境施策

は，これまで貢献の大きかった衛生工学から海洋環境学・海洋生態学へと視点が移ってきたといえる．

§6. 浮游系と底生系のカップリング

　浅海域の環境問題の難解な点は，浮游系のみで議論できる外洋域の生態系と異なり，底生系の寄与を無視できない点にある．植物プランクトンが増殖して着色した状態を汚濁あるいは富栄養な状態というのであれば，植物プランクトンを摂食する二枚貝類の寄与は，この問題を考える上で無視できない．例えば，浅海域のシンボル的存在である干潟では，動物プランクトンよりも二枚貝による摂食量の方が大きいであろう[22]．

　外洋の浮游生態系の物質循環を解明するために使われてきた生態系モデルをそのまま浅海域に当てはめても計算結果はなかなか合わない．沿岸域の複雑な地形や沿岸域に特有な物理過程に1つの原因があるが，底生生態系を境界領域として扱い，その動的な振る舞いを無視したモデルでは合うはずがない．沿岸域は人間活動による働きかけが強く及ぶ場所であり，埋め立てなどにともなう環境影響の評価が常に必要とされている．このようなことからも，今日ほど底生生態系の研究の進展が強く望まれている時代はないと言ってよい．

　有明海の泥干潟に対して開発・適用された浮游系－底生系カップリング・モデルについて，本書6章に示されている．底生生物のすべてをモデルに組み込むわけにはいかないが，このモデルでは，付着珪藻・カキその他の懸濁物食者およびメイオベントス・ムツゴロウ・カニ類その他の堆積物食者などの優占種が考慮されている．物質のフローはこれら底生生態系と浮游生態系の間で間断なく起こっている．底質の劣化はなかなか目に付きにくいが，底生生物の生息に悪影響を及ぼし，例えば穿孔性のベントス数の減少によって底質の還元化が加速度的に速くなり，底生生態系は壊滅状態に向かうという正のフィードバック「環境悪化のネガティブ・スパイラル」に陥る．底生生態系の崩壊は濾過摂食者である二枚貝のバイオマスの減少を通して，水質への影響も多大である．有明海や周防灘はまさにこのケースである．

　浮游系－底生系カップリング・モデルは，最近開発が進んでいる分野であり，まだまだ多くの改善の余地がある．それに加え，底質や底生生物に関するモニ

タリング・データがあまりにも少ないため，計算結果の妥当性を判断しにくい．閉鎖性海域の環境保全を考える上で，底生系のモニタリングを含めた研究の充実が是非とも必要である．

§7. 技術の組み合わせと順応的管理

閉鎖性海域の環境保全・再生は一朝一夕に達成されるものではなく，1つの技術で解決できるものでもない．さまざまな技術の組み合わせが大切である（本書3章）．閉鎖性海域の環境はローカルに異なり，ある海域で効果が得られたとしても，他の海域に同じ技術を適用しても効果が薄い場合もある．

生態系内で起こる事象としては，制御できるものと制御できないものがある（図1・9）．つまり，前者は実際に対策として取ることが可能な「制御項目」で

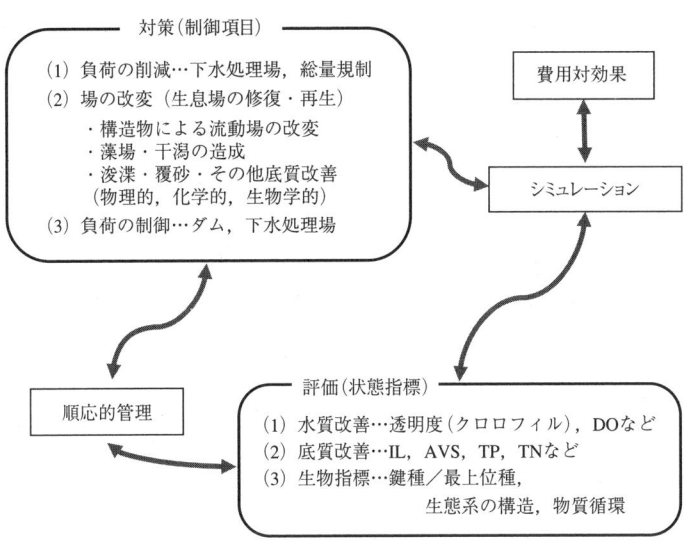

図1・9 閉鎖性海域の環境保全に対する「制御項目」と「状態指標」．制御項目は具体的にとることができる対策技術であり，状態指標はモニタリングなどをすることで把握できる評価項目である．施した対策による効果の判定のため，モニタリングとシミュレーションを行う．評価はシミュレーションに費用対効果も考慮して行う必要がある．対象が複雑系の生態系であるので，施した対策によって必ずしも期待通りの効果が現れるかどうかはわからない．したがって，常に「順応的管理」の考えに基づいて軌道修正することも重要である．

あり，負荷の削減，場の改変などがあげられる．一方，後者は対策の成果を評価する場合の目標値として据えられる「状態指標」となり得るものであり，通常，モニタリングされる水質項目や底質項目などである．まだ試行的ではあるが，「制御項目」において，ダムや下水処理場からの放流水の量，時期や頻度などを調整してみてはどうかという提案がなされている[23]．これは主に海域で養殖されているノリの生産が貧栄養化により振るわなくなってきたからであり，有明海に注ぐ筑後川や播磨灘へ注ぐ高梁川などで先行的に試みられている．また，最近は「状態指標」として生物指標が加えられるようになり，水質や底質といった無機的な環境項目だけの評価よりも，生態系の構造にも配慮するようになった．しかしながら，生物がいる・いないというのは，前述のように「ストック」的側面であるので，それらの生物どうしの相互関係において食物連鎖を通した「フロー」が正常であるのかどうか（物質循環が潤滑かどうか）を定量的に評価することが望まれる．それには生態系モデルが必要不可欠である．

　三位一体改革にともなう税源移譲によって，多くの地方自治体は成果の見えにくいモニタリング事業の縮小を考えている．このような合理化の中で，理由もなくモニタリングを充実せよと言うことは無理である．モニタリング・データが一体どこにどのように使われて役に立っているのかを示すことが重要であり，そもそも何をどれだけ測定すればどれくらいの成果が得られるかといったビジョンを示さない限り説得力は薄い．データは使ってこそ価値がある．これまで多くの自治体でそうだったように，単にデータを蓄積するだけで公表しないのは論外である．時系列的解析をすることは第一段階としては必要であるが，「ストック」的データで折れ線グラフや分布図を描くだけではモニタリングに対する投資は大きすぎる．やはり数値シミュレーションを必ず行い，その中でどのような「制御項目」を重点的に実施したら費用対効果が大きいかを感度解析して示す必要があろう．

　数値シミュレーション技術の進歩は日進月歩であるが，現実の自然生態系の複雑さをすべて再現できるわけではない．そうであるからこそ，モニタリングと予測と評価を繰り返しながら少しずつ方向修正する「順応的管理」が不可欠である（図1・9）．環境修復技術は前もってフラスコ規模の実験，模擬現場実験，小規模現場実証試験などのステップを踏んで実用化されるものであり，そ

こには十分な科学的根拠がなければならない．これらのステップを踏まない技術がいきなり実用化されることはあり得ない．

§8．多様な主体の参加と環境教育

閉鎖性海域の環境保全について，これまで明らかとなっていることと，今後なすべきことについて，科学的な側面から述べてきた．2003年に施行された自然再生推進法にもあるように，人間活動にともなって過去に損なわれた自然は科学的知見に基づいてわれわれ自身の責任で再生して行く必要がある．このことに対して，「再生」の名の下に人手を加えることでさらに良好な自然環境までも破壊するのではないかという懸念を抱く向きもある．自然再生の対象は「良好な自然」ではなく，「正常な機能が損なわれた場所」であり，その目的は自然の復元力を取り戻すことにあり，過剰に手を加えることであってはならない．

さらに，自然再生推進法に述べられている重要な点は，「多様な主体の参加」である（図1・10）．自然再生が科学的知見に基づいて行われるとしても，それ

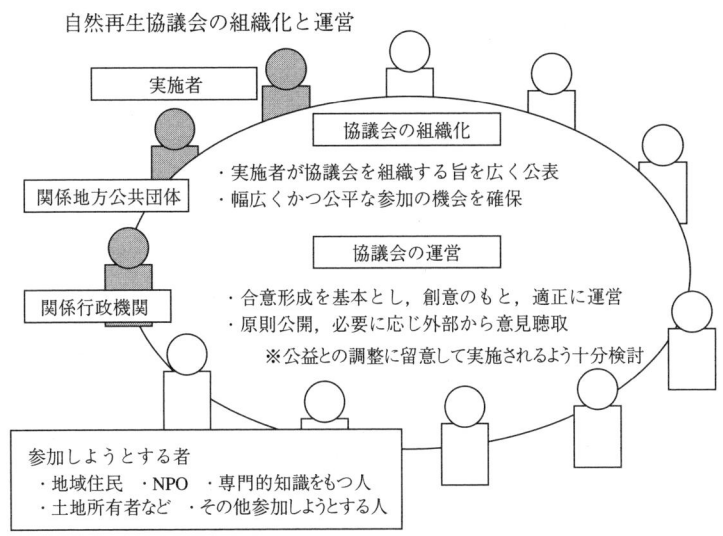

図1・10 自然再生推進法（2003）に謳われている多様な主体の参加．再生対象とする自然生態系に対する考え方はさまざまであるので，自然再生協議会を設け，ここには地方公共団体の代表，関係行政機関，地域住民，NPO，有識者，土地所有者，その他の参加による運営が必要である．

以前に，多くの住民がどのような海を望むか，ということが最も重要である．すでに，他で述べてきたように[10, 12]，富栄養で魚が多く獲れる海を望むのか，貧栄養で魚が獲れなくてもきれいな海を望むのかは，人によって違う．第6次水質総量規制に関する中央環境審議会答申では「澄んだ海と魚の豊富な海は必ずしも両立しない」ことに初めて触れた．閉鎖性海域の環境保全は，したがって，食料問題とも表裏一体のものであり，ある程度の海水の透明度を確保しつつ多様な水産生物が豊富に獲れるような環境，すなわち水産業が成り立つことが生態系の保全につながる．このことを多様な主体の共通認識とするためにも，シンポジウムやフォーラム，モニタリングを兼ねた生物・環境観察会を繰り返し行うことによる正しい科学的知識の啓蒙と環境教育は欠かせない．

文　献

1) 山本民次（訳）：水圏生態系の物質循環 (Andersen, T., Pelagic Nutrient Cycles), 恒星社厚生閣，2006, 259 pp.
2) 中央環境審議会：第6次水質総量規制の在り方について（答申），2005, 48pp.
3)（財）国際エメックスセンター：日本の閉鎖性海域（88海域）環境ガイドブック，2001, 177 pp.
4) シップ・アンド・オーシャン財団：海の健康診断，マスタープランガイドライン，2002, 99 pp.
5) 東京湾再生推進会議：東京湾再生のための行動計画（最終とりまとめ），2003, 21pp.
6) 大阪湾再生推進会議：大阪湾再生行動計画，2004, 45pp.
7) 伊勢湾再生推進会議：伊勢湾再生行動計画，2007, 77pp.
8) 広島湾再生推進会議：広島湾再生行動計画，2007, 55pp.
9)（社）瀬戸内海環境保全協会：平成17年度瀬戸内海の環境保全－資料集，2006, 103 pp.
10) T. Yamamoto: The Seto Inland Sea-Eutrophic or oligotrophic? *Mar. Poll. Bull.*, **47**, 37-42（2003）.
11) T. Yanagi, and D. Ishii: Open ocean originated phosphorus and nitrogen in the Seto Inland Sea, Japan, *J. Oceanogr.*, **60**, 1001-1005（2004）.
12) 山本民次：瀬戸内海が経験した富栄養化と貧栄養化，海洋と生物，**158**, 203-212 (2005).
13) M. Sheffer: Alternative stable states in eutrophic, shallow freshwater systems: A minimal model, *Hydrobiol. Bull.*, **23**, 73-83（1989）.
14) S. E. Jørgensen, and R. de Bernardi : The use of structural dynamic models to explain successes and failures of biomanipulation, *Hydrobiol.*, **359**, 1-12.
15) 環境省：今後の閉鎖性海域対策を検討する上での論点整理．今後の閉鎖性海域対策に関する懇談会報告書，2007, 29 pp.
16) T. Yamamoto, Y. Inokuchi, and T. Sugiyama: Biogeochemical cycles during the species succession from *Skeletonema costatum* to *Alexandrium tamarense* in northern Hiroshima Bay, *J. Mar. Sys.*, **52**, 15-32（2004）.
17) T. Yamamoto, and M. Okai: Effects of

18) diffusion and upwelling on the formation of red tides, *J. Plankton Res.*, **22**, 363-380 (2000).
18) D. C. Gordon, P. R. Boudreau, K. H. Mann, J. E. Ong, W. L. Silvert, S. V. Smith, G. Wattayakorn, F. Wulff, and T. Yanagi : LOICZ Biogeochemical Modelling Guidelines, LOICZ Report and Studies, No.5, 1996. 96 pp.
19) A. C. Redfield: On the proportions of organic derivatives in sea water and their relation to the composition of plankton, James Johnstone Mem. Vol., 1934, pp. 177-192.
20) T. Yamamoto, A. Kubo, T. Hashimoto, and Y. Nishii: Long-term changes in net ecosystem metabolism and net denitrification in the Ohta River estuary of northern Hiroshima Bay-An analysis based on the phosphorus and nitrogen budgets, Progress in Aquatic Ecosystem Research (ed. by A. R. Burk), Nova Science Publishers Inc., 2005, pp. 99-120.
21) R. de Bernardi, and G. Giossani (eds.) : Biomanipulation in Lakes and Reservoirs Management, Guidelines of Lake Management, vol. 7, ILEC (International Lake Env. Committee) /UNEP (United Nations Environmental Program), 1995.
22) 鈴木輝明・青山裕晃・畑 恭子：干潟生態系モデルによる窒素循環の定量化，－三河湾一色干潟における事例－．海洋理工学会誌, **3**, 63-80 (1997).
23) T.Yamamoto, K.Tarutani and O.Matsuda: Proposal for new estuarine ecosystem management by discharge control of dams, Comprehensive and Responsible Coastal Zone Management for Sustainable and Friendly Coexistence between Nature and People (6th International Conference on Environmental Management of Enclosed Seas) (ed. by P. Menasveta, and N. Tandavanitj), 2005, pp. 475-486.

II. 主要三大閉鎖性内湾

2章 土木工学的アプローチ－東京湾を例にして－

古 川 恵 太*

§1. 海辺の再生に向けた4つの視点

日本の海辺は，多様な環境要因と地質学的背景から，磯や砂浜，藻場・干潟と変化に富んでいる．しかし一歩その海辺に足を踏み入れると，アクセスの悪さ，海岸線の侵食，ゴミの漂着，赤潮や濁りによる水色の変化，貧酸素水塊や青潮による生物の大量死，生物生息場（そして生息生物）の減少など，環境が悪化してきている様子が見てとれる．地球温暖化や種の多様性の保全といった地球規模の環境問題への対応や津波・高潮に対する防災・減災といった緊急の問題とともに，日々われわれのそばにある海辺の環境の変化について知り，「できること」を「できるところ」から取り組んでいくことも大切な取り組みであると考える．それを実現するための方法論の1つが，土木工学的なアプローチであり，その可能性について検討してみたい．

土木工学は，人の活動を中心とした社会基盤整備を目指し，土地造成（埋め立て・宅地開発），水資源管理（ダム建設・河川改修・下水道整備），交通施設整備（鉄道・道路・橋・港湾），防災施設整備（防波堤・水門・護岸・土地改良）などを行うための実学として，多くの技術を開発し，社会に適用してきた．その結果として，地形改変（浚渫・埋め立て）や周辺の土地・海域利用の変化，水利用の変化に伴う水循環の変化などが生じてきた．個別の大規模開発についてはその都度環境影響を評価し軽減・回避する努力がなされてきたものの，その改変の積み重ねが長期的・総体的に累積して前記の海辺の環境の変化を引き起こす原因の1つとなってきたということは否めない事実である．しかし今一度，土木工学に蓄積されてきた地形改変・水資源管理・各種施設整備の経験や技術を見直し，活用することで，海辺の環境を再生する糸口がつかめるのでは

---

* 国土技術政策総合研究所

ないかと考えている．

　再生といっても，一度損なわれた海辺の環境やその環境がもつ機能を取り戻すことは簡単ではない．そこには，本来の状況に戻すことを促す努力と，現状に則した改善を図る方向での努力を含む広い意味での再生に対する認識が必要である[1]．また，海辺の自然の複雑さや連関の深さを考えれば，その努力は画一的・狭い視野であってはならず，包括的な目標を掲げ，可能な限り自然に委ね，その力を発揮してもらうように適材適所な手助けを，その効果を確認しながら徐々に適用していくような順応的な取り組みが必要である[2]．

　例えば，国土交通省・海上保安庁が中心になって進めている，「全国海の再生プロジェクト[3]」では，閉鎖性海域の水環境の改善を図るため，関係省庁や地方自治体などと連携した取り組みがなされており，海域ごとに包括的な目標を掲げ，それを実現するための行動計画や，順応的に取り組むための見直しの制度が示されている．その構造を「東京湾再生のための行動計画[4]」を例にして，順応的管理の取り組み方[2]にあてはめて図示すると，図2・1のようになる．すなわち，包括的な目標として，現状の把握・分析に基づき，多くの関係主体の合意を得た"快適に水遊びができ，多くの生物が生息する，親しみやすく美しい「海」を取り戻し，首都圏にふさわしい「東京湾」を創出する"が設定さ

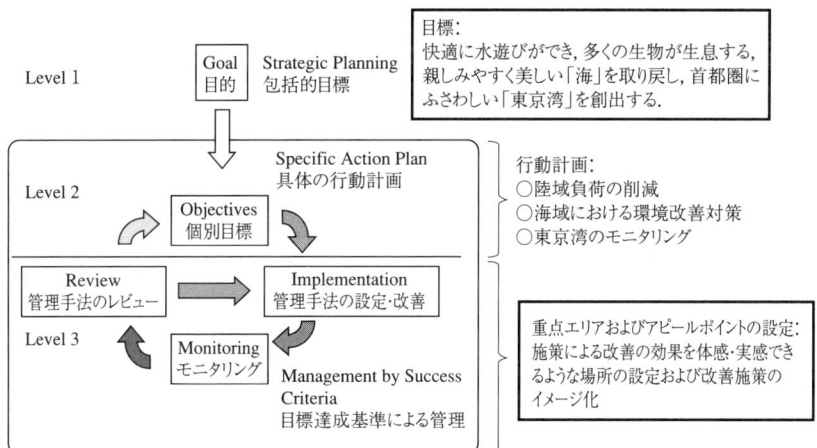

図2・1　東京湾再生のための行動計画における順応的管理の構造（包括的な目標，3つの行動計画，重点エリアとアピールポイントの設定が順応的管理の3つのレベルに対応している）

れ，その実現のために，下水道整備などを中心とした陸域負荷削減策の推進，海面の浮遊ゴミの回収や，藻場・干潟の再生・創出などをメニューとする海域における環境改善対策の推進，東京湾のモニタリングが3つの柱として位置づけられている．さらに，これらを効率的・効果的に実施していくために，東京湾のうち特に重点的に再生を目指す千葉港－東京港－横浜港を包括する湾の北岸から西岸のエリアを重点エリアと定め，その中に，7つのアピールポイントを選択し，改善施策を講じた場合の，それぞれの場所においての改善イメージ，さらにはこれに相当する指標および目安が記述された．この行動計画は，2003年3月に10ヶ年の計画として発表され，毎年度フォローアップを行うとともに，3年目と6年目の終了時（2006年度，2009年度）には総合的に進捗状況を評価する中間評価を行うこととなっている[5]．

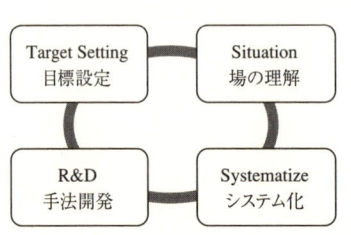

図2・2 海辺の再生に向けた視点（①場の理解に基づき，多くの関係者が共有できる包括的な目標設定，②科学的な環境だけでなく，社会的・歴史的背景なども含めた理解，③目標を実現するためのメニュー作り，技術開発，④目標を達成する手法を実現化する仕組み，順応的管理手法の適用など）

こうした取り組みを推進するためには海辺の自然再生に向けた視点として，以下の4つが重要である（図2・2）．

- 目標設定：場の理解に基づき，多くの関係者が共有できる包括的な目標設定
- 場の理解：科学的な環境だけでなく，社会的・歴史的背景なども含めた理解
- 手法開発：目標を実現するためのメニュー作り，技術開発
- システム化：目標を達成する手法を実現化する仕組み，順応的管理手法の適用など

以下の節では，それぞれについて，個別に事例を参照し，その中に組み込まれた土木工学的アプローチに焦点を当ててみたい．

§2. 変化してきた目標設定

海辺における土木工学的な環境改善目標の変遷の例として，高度成長期以降に顕在化した有害物質による汚染などに対する規制を含めた公害対策が一段落した後の港湾事業における環境施策を紹介する．これを概観することによって，われわれがどのように環境を理解し，目標を設定してきたのかを理解する手掛かりとしたい（図2·3）．その中には，短期的で対症療法的な目標から，長期的で現象のプロセスから修復するような目標設定に変化してきたという大きな転換があった．

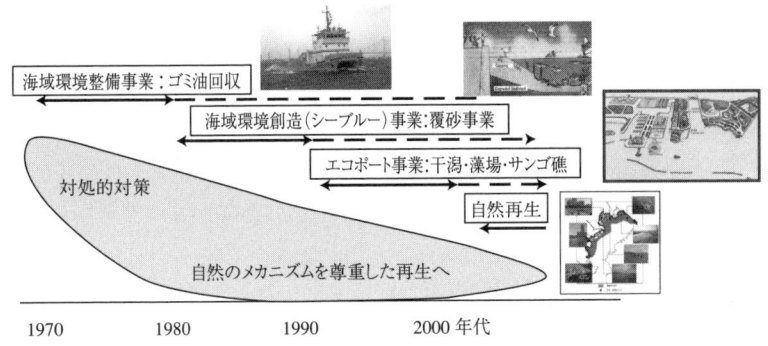

図2·3　短期的で対症療法的な目標から，長期的で現象のプロセスから修復するような目標設定に変化してきた港湾における環境改善の目標と事業

2·1　1980年代，シーブルー事業

海域における当面の汚染の危機も去り，1970年代より始まった海域整備事業による浮遊ごみ・油の回収体制も整備されたものの，富栄養化，赤潮の発生，悪臭，底層水の貧酸素化など有機物質による「汚濁」は改善されていない時代に，シーブルー計画は策定された[6]．それは，浚渫や覆砂といったシーブルー・テクノロジー（個別具体の海水浄化技術）を組み合わせて，利用形態に応じた清澄な水質環境を実現することを目的としたものである．

シーブルー事業を総括すると，環境修復を目指した個別政策の実施であったと位置づけられる．その目標は水質（透明度・COD）の回復であり，事業による環境の「改変」と「創造」による「環境改善」を目指すことであった．そうした段階においては，局所的な現象解明に重点が置かれ，施策の個別評価の

ための技術開発が優先して行われた.

2・2 1990年代,エコポート政策

1990年代に入り,運輸省はエコポート政策を策定した.ここでは,水質の「汚染」は少なくなってきたもののいまだ改善されない「汚濁」に対して,環境改善の方向性に関する理念が提示された[7].それに合わせて,各事業者が地域性を考慮して具体の方案を立案するという性能規定型の環境改善方策を導出することを目的としたものである.すなわち,自然生態系の「改変」・「創造」から一歩踏み出した「機能の強化」を目指した大きな変化であったと位置付けられる.

こうした「機能の強化」を目標とするためには,機能を定量化する必要があり,環境シミュレーション(生態系モデル)の開発も盛んに行なわれ,個別施策の評価から,施策による場の機能の変化の評価や予測に重点がおかれるようになった時代と言える.

2・3 2000年代,自然再生事業

1999年12月に港湾審議会から経済・社会の変化に対応した港湾の整備・管理のあり方についての答申が出された.その中で物流面などばかりでなく,自然環境・環境配慮などの面からも広域的視点の重要性が述べられている.つまり,環境問題のマクロ化である.それと同時に,干潟や藻場といった生態系の創出を含む環境保全・創造のための生態系機能の評価や推定といったミクロ化された環境問題も重要な検討課題であることが指摘されている.

そうした背景を受け,国土交通省港湾局では『環境と共生する港湾(エコポート)を目指し,豊かな生態系を育む自然再生型事業を総合的に展開する』とした,「港湾環境政策2001」を発表した[8].また,2005年には,環境への配慮と開発の取り組みを車の両輪としてとらえ,「環境配慮の標準化」を旨とする「港湾行政のグリーン化」(港湾審議会答申)[9]が発表され,自然の「再生」に向け,「強化」「創造」された生態系が機能すること(生態系の自己回復力が発揮されるよう手助けすること)や,市民参加による協働での取り組みが推進されることなどを目標としていくという新たな取り組みが始まった.

こうした検討は,政府全体における,2001年の「環の国づくり」の政府方針の発表,2002年の「新・生物多様性国家戦略」の策定,「自然再生推進法」

の成立といった動きとも連動しているものであり,「自然共生型流域圏」[10]の実現といった,包括的な目標を掲げての自然再生への取り組みを推進するものでもある.すなわち,従前の対症療法的な目標だけでなく,メカニズムやプロセスを重視した目標設定に向けた転換期に来ているということである.

§3. 様々なスケール・視点からの場の理解

目標設定のためには,様々な視点が必要となるのと同様に,それを支える場の理解についても,様々な視点が必要となる.ここでは,東京湾を例として,その水循環や生態系などの自然科学的な視点からの場の理解について幾つかの例を示したい.

3・1 流域圏という視点

陸上に降った雨が,分水嶺から河川水や地下水として関東平野を流下し,東京湾に注ぎ込む.そうした水の流れを中心に考えることで,東京湾を取り囲む大きな流域圏という領域が定義される.流下する水は,その途中で林野から各種元素を享受するとともに,人に利用され,さらなる有機物や栄養塩を引き受ける.一部は下水道を通り処理された後,再び河川などを通して海域に流入する.そうした負荷が東京湾の循環や水質に影響を与えていることは容易に想像できる.

例えば,東京湾に流入する淡水の量を,陸への降雨によるもの,流域外から流入するもの,海域への降雨によるものを加えて求め,こうした流域圏からの影響を推定してみた.1920年から前後10年間の平均を行い,10年ごとの平均淡水供給量として整理してみると,1960年代から1990年代にかけて,約100 m^3/秒の流入量の増加が見られることがわかった.こうした淡水流入量の増加は,湾内のエスチュアリー循環を強化するなどの影響を与え,結果として湾内の海水交換率に影響を与えている.塩分分布を基にした推計では,1947年から1974年の平均の滞留時間は,夏30日,冬90日であったが,2002年には,夏20日,冬40日と計算されている[11].

この例は,東京湾という場を理解するうえで,東京湾がそれを取り巻く場と接する境界を通した相互作用(場との相互作用)と,そこで生活・活動する人間との相互作用(人との相互作用)の2つを考えることの重要性が示されてい

る．場との相互作用については，海陸の境界ばかりでなく，湾口を通した外洋水の貫入や，大気との熱の供給・放射，底質からの溶出・蓄積などが考えられ，あらゆる境界から影響が伝播してくる状況を考慮に入れる必要がある．また，人との相互作用については，先の例で人から環境への影響が淡水流入量という視点から示されたが，その淡水に溶け込んだ栄養塩が人間の健康や自然環境に影響が出るレベルにまで海域の環境を悪化させたために，流入負荷の規制がなされ，1980年代に窒素で日350 tを超えていた負荷が2000年代には220 tに減少したとの推算もなされている．これは，自然が人間の活動に影響を与えた例であり，人もまた，その活動を環境に規定されていることを示すものである．すなわち，東京湾を理解する際に，それを過小にも過大にも考えず，人の活動や，それを取り巻く場を包含した流域圏という視点で理解することが大切である．特に，土木工事のような「力技」は，時として人の活動の力を過大にし，境界でのプロセスを遮断・加速するといった可能性もあり，注意が必要である．

3・2 生態系ネットワークという視点

アサリ（*Ruditapes philippinarum*）はその高い海水浄化能力により，環境改善の面からも着目される種であるが，その資源量は全国的にも，東京湾でも激減している．その原因は様々であるが，アサリの浮遊幼生の行き来による生息場間のつながり（生態系ネットワーク）の欠落や分断も一因ではないかと考えられている[12]．

このように，生態系ネットワークは，生き物の量と多様性を確保するための重要な機構の1つと考えられている．その実態を把握するために東京湾において，アサリ浮遊期幼生が干潟間を行き来する様子を実証的に捉える観測が行われた[13, 14]．例えば，2001年8月2日の観測では，盤洲・富津・三枚洲～羽田の海域で孵化後間もないと考えられる殻長100μm以下の幼生が多く捕獲され，これらの場所の近くで幼生が発生していることが示唆された．その幼生群は，8月6日の観測において，湾の中央部に移動している様子が捉えられ，アサリの浮遊期幼生の漂流による生態系ネットワークの存在が示唆された．こうした生態系ネットワークの「つながり」の強さと方向性を推定するために数値計算を行った．幼生の発生場所は，それまでの観測を参考に，富津・盤洲・千葉港・三番瀬・東京・羽田・横浜の海域とし，約2週間の移流計算をしたところ，

富津・盤洲においては，自分のところに戻ってくる幼生が多いとともに，強い相互方向の「つながり」が示唆された．一方，東京・羽田・横浜側においては，北から南につなぐ一方向の弱い「つながり」の存在が示唆された（図2・4）[15]．

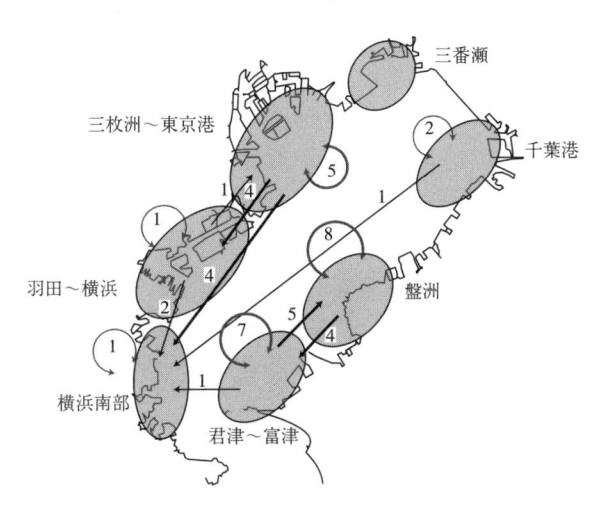

図2・4 数値計算で推定されたアサリ浮遊期幼生のネットワークの例
（矢印の数値は，2001年8月におけるアサリ浮遊期幼生の移流状況を再現した数値計算から推定された移流量を相対的に表したものである）

相互方向のネットワークでは，ある生息地に異変が起こっても，もう一方からの供給により回復されるという，一種の回復力（resilience）が期待できる．一方，一方向（非可逆的）のネットワークでは，上流側の生息地に異変が起こるとその影響は下流側の生息地に及び，脆弱性を秘めたネットワークであると推定される．そこで，「東京湾の再生のための行動計画」においては，この一方向のネットワークしかもたない場や，ネットワークのつながりが弱いと判断された千葉－東京－横浜を結ぶ広い海域が重点領域として選択されている．これは，場の理解に対応した行動計画の設定がなされた1つの例である．

こうした生態系ネットワークを通して海域の環境を把握することは，海域の環境を局所的・瞬間的な水質や物理環境だけで判断するだけでなく，周囲との連関や連続した時間の中で生物の中に蓄積される環境条件の情報を読み解くという意味をもつ．今後，場の理解の方向性の1つとして着目されるべきである

し，その評価手法の開発は急務である．

3・3 生き物の棲み処という視点

環境を生物によって評価する試みとして，指標生物による海底環境区分[16]や，7都県市首脳会議環境問題対策委員会水質改善部会の提唱した「東京湾における底生生物等による底質評価方法」[17]がある．後者については，東京湾における底質の環境評価区分を5段階に分け，底生生物の総出現種類数など4項目で評点をつけ，評点の合計で底質環境を評価する方法である．生物を指標とすることにより，場の特性が物理化学特性値としてだけではなく，感覚的に理解できることが利点である．

東京湾再生のための自然再生事業の適地選定に利用できる基礎的資料の作成を目的として，東京湾内湾域の14ヶ所の護岸において同一時期，同一手法で調査を行い，空間的な生物分布特性の解明を試みた調査結果を紹介する[18]．

2006年3月および9月に行った結果を図2・5に示した．付着生物の種類数の分布は，3月，9月いずれも比較的水質が悪いG4～G6付近で極小値を示した．付着動物については種類数の大きな変動は見られなかったものの，付着植物については，9月は3月と比べて全体的に種類数が減少していた．付着動物は，水質の長期的な空間的分布特性に大きく依存し，夏の貧酸素水塊や冬季風浪によるかく乱などに制限され，水質悪化・かく乱に強い生物が優先し，短期的な環境変動による変化が小さかったためと推察される（多様性が低いレベルでの安定）．一方，付着植物は冬季の透明度の高い水質条件などにより3月に種類数を増大させるものの，その後の水質変動（夏季の透明度低下や貧酸素水塊の襲来など）や，季節的な消長の影響を受け，その生息範囲・種数が時間的に変動する状況にあると推察された．

こうした結果を基に，「環境の空間的な分布特性は加入を支配し，時間的な変動特性は生き残りを支配している」という大胆な仮説を立てるとすれば，東京湾をマクロな視点で見たとき「動物・植物ともに，現在の東京湾の環境において加入・生息が可能である．しかし，動物は空間的な変動特性の影響を受け，低い多様性レベルで安定して存在し，植物は季節ごとの環境変動・生活史に対応した増減を繰り返している．従って，局所的であっても，周年通して環境条件が整う場を作ることが付着生物の多様性を高める方法として有効である」と

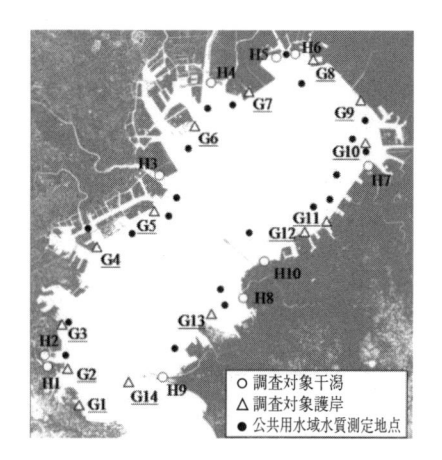

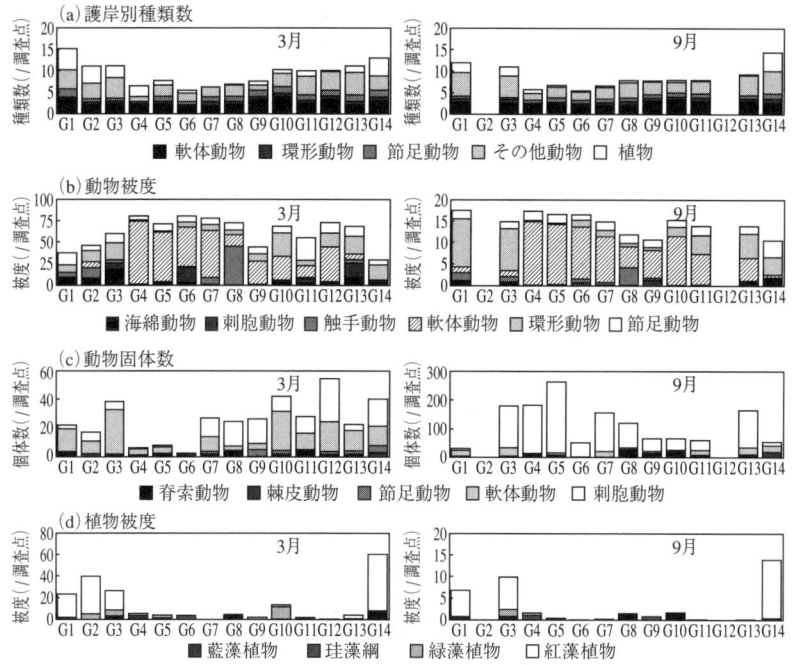

図2・5 東京湾をとりまく護岸に付着する場所別,季節別の生物の状況(2006年3月,9月調査:a)付着生物種類数,b)付着動物の被度,c)付着動物の個体数,d)付着植物の被度)

いうような評価が考えられるかもしれない．科学的な仮説立案としては乱暴な論理であるが，こうした評価を与えることで，行動計画への指針（どこで，どんな自然再生をすべきか）が得られるのである．土木工学的なアプローチを進めるためには，こうした評価・理由付けが不可欠である．もちろん，こうした評価は事業の中で検証していかなければならないし，検証結果を真摯に受け止め柔軟に事業を実施・変更するシステムが必要である．先に紹介した「順応的管理」は，まさに行動計画策定の根拠として採用された仮説を，継続的なモニタリングの中で，その真偽を確かめながら自然再生を進めていくという管理手法を手順化したものである．

　生物についての知見を漏れなく明らかにすることは大変難しい．生き物の棲み処という視点で海域の環境を把握するためには，不確定要素・仮定が多く入っていることを理解すべきであり，それを明らかにする調査・研究の努力を怠ってはならない．それと同時に，得られた知識を汎用化・一般化した仮説に集約し，順応的管理で確認しながら場の理解と行動計画の実施を同時に進行させることが必要である．

§4．干潟づくりを例にした具体の手法開発

　どんなに優れた目標であっても，それを実現する手法やメニューがなくては，「絵に書いた餅」になってしまう．干潟・藻場・サンゴ礁など海域における重要な生態系の修復・保全・再生手法については，産学官民など多様な主体が取り組み，現在では様々な技術が開発されている[19]．国総研でも，都市臨海部に干潟を取り戻すプロジェクトの一環として，阪南2区における干潟創造実験[20,21]や，東京湾の新芝浦運河に面した芝浦アイランドの護岸における生物の棲み処づくりを行なってきた．

　阪南2区の干潟創造実験では，テラス型干潟と名づけられた潮だまりのある干潟部の機能の高さが注目された[22]．これは，都市臨海部における自然再生（干潟創出）における場所的制約を打破するひとつのメニューとなりえる可能性が示されたのである．

　そうした潮だまりの実証実験として，国総研・東京都港湾局・港区芝浦港南地区総合支所・運河ルネッサンス協議会などが連携し，東京都港区芝浦アイラ

ンドにおいて，潮だまりを活用した干潟を軸とする生き物の棲み処づくりの実験が開始された（図2・6）．これは，まさに土木工学的な場づくりのアプローチであり，生物生息の場として幼稚魚の蝟集効果とベントス・底生藻類の定着場としての効果を期待しているものである（図2・6，2・7）．

当該護岸は，2005年2月に着工し，2006年12月に全体工事が完了した．この内，テラス部分の潮だまりなどは2006年3月に完成し，潮の満ち引きに応じて生き物が入り始めた．7月と9月には低潮時独立した潮だまりの水を全

図2・6 東京都港区芝浦アイランド護岸を利用したテラス型干潟（国総研，東京都港湾局・港区芝浦港南地区総合支所・運河ルネッサンス協議会などが連携し，生物生息の場として幼稚魚の蝟集効果とベントス・底生藻類の定着場としての効果を期待した潮だまりの実証実験が行われている）

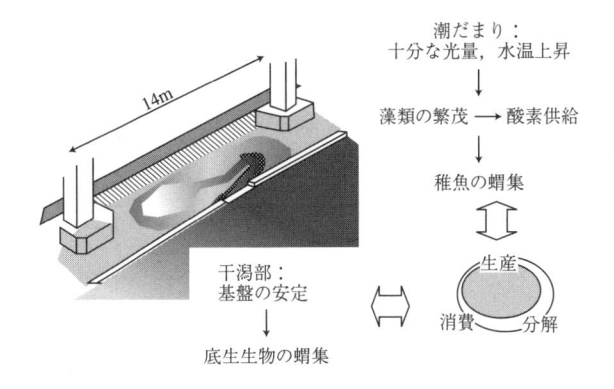

図2・7 東京都港区芝浦アイランド護岸を利用したテラス型干潟の概念モデル（潮だまりの幼稚魚の蝟集効果と干潟部のベントス・底生藻類の定着場としての効果が期待されている）

て抜いて目標生物の生息調査が行われた．7月の調査結果は図2・8に示す通りであり，多くの幼稚魚が確認された．9月の調査では，マハゼ・ウナギとも7月より大きく，潮だまり近辺で成長していることが推察された．潮だまりの機能として，酸素生産を確認するため，冠水時の運河水と干出し潮だまり水が独立した時の溶存酸素・水温・塩分の測定を行った結果，潮だまりで酸素生産が行われていることが確認された[23]．

潮だまり

	項目	A池（北側）	B池（南側）
水質	水温（℃）	25.0	25.2
	塩分（psu）	6.0	5.0
	DO（mg/l）	5.4	3.8
個体数（尾）	ボラ	180	400
	ハゼ	154	350
	ウナギ	2	1
	エビ	5	23
	フナ	0	1

図2・8 東京都港区芝浦アイランド護岸を利用したテラス型干潟における稚子魚の生息状況（整備後2ヶ月：2006年7月調査時，多くの幼稚魚が確認され，これに引き続く9月の調査では，マハゼ・ウナギとも大きくなっており，潮だまり近辺で成長していることが推察された）

　このような場作りが「生き物の棲み処づくり」として認知されていくためには，目標の明確化，具体の行動計画の策定に合わせて，目標達成基準による管理という取り組みが必要である．特に，場作りの結果として影響を受ける生物の生息状況などを評価指標に取り入れることで，よりわかり易い目標達成基準が策定され，場作りの手法開発が進むことが期待されている．そのためにも，場作りの基盤である土木工学と評価に関する知見を擁する水産学・生物学の連携が重要な鍵となろう．

§5. システム化の重要性（まとめに代えて）

　場の理解に基づき包括的な目標を策定し，開発された手法を適用して自然再生を進めるにあたっては，自然環境だけでなく，社会条件も含め広い視野での場の理解が必要である．海の自然再生ハンドブック[24]でも指摘されているように，それは，「理念の共有」と「空間計画の検討」というプロセスが重要となる．

　理念の共有とは，どのような視点や理念に基づいて行うべきかについて，関係者間で議論し，認識を共有しておくことである．例えば，自然に対するスタンスは多様であり，自然保護や開発に関して，多様な価値観をもつ多くの関係者の一致した見解を得ることは困難である．ややもすると，開発・保全に係る関係者間において価値観の相違に由来する対立が生じることも多い．人が利用するということを前提に，その目的に沿って（例えば，持続可能な開発を目指して）人為的な手を加える「再生」や「修復」，「創造」を含んだ「再生」を考えるのか，自然本来の姿に価値があると考え，人間が手を加えない「保存」や，昔の姿に戻す「再生」を軸として考えるのかにより，目標の是非が異なることは容易に想像できる．その際に，自然に対する立場には，多様な考え方があり得ることを認識し，お互いの考え方はどのような考え方に基づくものなのかを理解し，尊重し合うことが議論の調整や収斂に有効と考えられる．

　空間計画の検討とは，人々の生活と自然環境の関係について把握した上で，今後，人々と自然環境の関係性をどのように設定していくか，すなわち，空間整備のコンセプトをどのように設定するかを検討することである．自然再生とは，「人と自然をつなぎ合わせること」という見方もある[25]．場の再生によって，過去にあった人間と海辺とのつながりを復元することを優先するか，新たな人々と自然の関係を構築するか，あらかじめ決まった答えがあるわけではなく，その地域ごとに，関係者が議論して決めていく事柄である．

　そうした目標設定のプロセスを経て，その目標の実現に進むための手法が順応的管理であり，土木工学的アプローチであると考えられる．順応的管理手法の適用や土木工学的アプローチの適用は，もちろん自然再生の実現に不可欠なものであるが，それを支えるのは，関係者の間で十分に共有された理念と空間計画（人と自然のつなぎ合わせ）に裏打ちされた目標である．そのためには，

他分野の学問との連携や，様々な人々との協働が必要である．

　まだまだ，その一般解は得られていない状況であるが，特解である様々な経験の積み重ねが進んでいる．例えば，横浜の帷子川の水際公園では，水辺の公園として護岸上にテラス干潟や転石，潮だまりを設置するばかりでなく，公園内部に潮入の池を造成予定であり，その公園での活動をサポートするNPOと協働で「みんなでつくる　みなとみらい21　海のビオトープ」といった勉強会なども開催されている．お台場海浜公園では，都市再生のプロジェクトとして，また，小学校での環境教育のプロジェクトとして，漁業者・NPO・行政・研究者などが協働でノリづくり体験をサポートしている．こうした海辺の環境の再生の積み重ねを知恵として，記述し活用していくことが大切であろう．

文　　献

1) 古川恵太：港湾事業における環境修復への取り組み，月刊海洋，35, 502-507 (2003).
2) 古川恵太・小島治幸・加藤史訓：海洋環境施策における順応的管理の考え方，海洋開発論文集，21, 67-72 (2006).
3) 国土交通省・海上保安庁：海の再生プロジェクト，Web公開資料：http://www.kaiho.mlit.go.jp/info/saisei/index.html, 2007.
4) 東京湾再生推進会議：東京湾再生のための行動計画（最終とりまとめ），2003, 21pp.
5) 東京湾再生推進会議：東京湾再生のための行動計画」第1回中間評価報告書，2007.
6) シーブルー・テクノロジー研究会：シーブルー計画，1989.
7) 運輸省港湾局：環境と共生する港湾－エコポート－，大蔵省印刷局，1994.
8) 国土交通省港湾局：沿岸域における自然再生事業，Web公開資料：http://www.mlit.go.jp/sogoseisaku/, 2001.
9) 国土交通省港湾局：港湾行政のグリーン化，国立印刷局，2005.
10) 内閣府総合科学技術会議：自然共生型流域圏・都市再生技術研究イニシアチブ報告書，2005.
11) 高尾敏幸・岡田知也・中山恵介・古川恵太：2002年東京湾広域環境調査に基づく東京湾の滞留時間の季節変化，国総研資料，169, 1-78 (2004).
12) 国土交通省港湾局・環境省自然環境局：干潟ネットワークの再生に向けて，国立印刷局，2002.
13) 粕谷智之・浜口昌巳・古川恵太・日向博文：夏季東京湾におけるアサリ（*Ruditaoes philippinarum*）浮遊幼生の出現密度の時空間変動，国土技術政策総合研究所報告，8, 1-13 (2003).
14) 粕谷智之・浜口昌巳・古川恵太・日向博文：秋季東京湾におけるアサリ（*Ruditaoes philippinarum*）浮遊幼生の出現密度の時空間変動，国土技術政策総合研究所報告，12, 1-12 (2003).
15) 日向博文・戸簾幸嗣：東京湾におけるアサリ浮遊幼生の移流過程の数値計算，水産総合研究センター研究報告2004, 55-62 (2004).
16) 風呂田利夫：東京湾の環境回復への提言　東京湾内湾底生動物の生き残りと繁栄，沿岸海洋研究ノート，28, 160-169 (1991).
17) 東京都環境局環境評価部広域監視課：東京都内湾の水環境，環境資料第133号，2001.

18) 五十嵐学・古川恵太：東京湾沿岸域における付着生物および底生生物の空間分布特性, 海洋開発論文集, 23, 459-464 (2007).
19) 国土技術政策総合研究所・アマモサミット・プレワークショップ2006組織委員会：海辺の自然再生に向けて 干潟・藻場・サンゴ礁の再生技術, Web公開資料, http://www.meic.go.jp/, 2007.
20) 上野成三：大阪湾再生への取り組み事例－都市臨海部に干潟を取り戻すプロジェクト（阪南2区干潟創造実験）－, 雑誌港湾, 2005年4月号, 26-27 (2005).
21) 古川恵太・岡田知也・東島義郎・橋本浩一：阪南2区における造成干潟実験－都市臨海部に干潟を取り戻すプロジェクト－, 海洋開発論文集, 21, 659-664 (2005).
22) 岡田知也・古川恵太：テラス型干潟におけるタイドプールのベントス生息に対する役割, 海洋開発論文集, 22, 661-666 (2006).
23) 柵瀬信夫・加藤智康・枝広茂樹・小林英樹・古川恵太：都市汽水域の生き物の棲み処づくりにおける順応的管理手法の適用, 海洋開発論文集, 23, 495-460 (2007).
24) 海の自然再生ワーキンググループ：海の自然再生ハンドブック, 第1巻総論編, ぎょうせい, 2003.
25) 国土技術政策総合研究所・海辺つくり研究会：海辺の自然再生に向けて 各地からのメッセージ, Web公開資料, http://www.meic.go.jp/, 2006.

3章　大阪湾での環境再生と環境修復技術

上嶋英機[*1]・大塚耕司[*2]・中西　敬[*3]

　わが国で自然環境再生の政策や事業が本格化したのは，2001年に「21世紀『環の国』づくり会議」において「自然再生型公共事業」の推進が提言され，さらに，2002年に「新・生物多様性国家戦略」が策定された後に「自然再生推進法」が施行されてからである．関連して，内閣府の総合科学技術会議において環境分野で重点研究課題としてあげられたのが「自然共生型流域圏・都市再生技術研究」であった．この技術研究のイニシアティブとして，都市・流域圏における自然再生のモデル研究が実施されてきた．一方，「自然再生推進法」に基づく「森・川・海」を対象とした流域圏で自然再生協議会が全国で展開し，2007年までに18のプロジェクトが実施されることになった．併行して，閉鎖性海域を対象とした「全国海の再生プロジェクト」が2003年に東京湾，2004年に大阪湾，2006年に伊勢湾と広島湾で開始され，国土交通省を主体に関係自治体機関による推進会議が設置され「再生行動計画」の策定が着手された．
　このような中で，海の環境再生に必要な環境修復技術の開発研究はなお十分でなく，技術の効果や機能確認が立ち後れている．また，技術の多様性も乏しい．安全・安心な修復技術が求められる中，技術の効果検証を対象海域で実際に使用した検証実験が必要である．さらに，海域の環境問題と再生目標に合った技術を選定する上での機能評価や単一技術でなく機能の異なった修復技術を最適に組合せること（ベストミックス）による相乗効果を期待し確認することが重要であり，技術の投資対効果を考慮する上でも必要である．
　このような課題を解決すべく，時代に先駆けた実験が閉鎖性の強い大阪湾奥の尼崎港において2001年から2003年に実施された．この実験は，環境修復技術の最適組合せの効果と各技術の機能を確認するための実証実験で，環境省が

[*1] 広島工業大学大学院 環境学研究科
[*2] 大阪府立大学 大学院工学研究科
[*3] 総合科学株式会社 海域環境部

2001年に初めて実施した「環境技術開発推進事業（実用化研究開発課題）」による提案公募で採択を受けた課題「閉鎖性海域における最適環境修復技術のパッケージ化」である[1]．各種の機能をもつ技術を同一海域に持ち込み組合せて行う実証実験（フィールド・コンソーシアム）としては，尼崎港での実験が国内外にも例を見ない．現在，各地でこの実証実験が展開されており，効果が保証された修復技術が多く誕生することが期待される．

§1．大阪湾の環境

閉鎖性が強い大阪湾では，人口や産業の集中に起因する過大な流入負荷や埋め立てによる地形の改変によって水質・底質の悪化が進んだ．また，多様な生物の生息場である干潟・藻場など浅場の消失が，海域の自浄能力の低下を招いた．この結果，夏季には底層が貧酸素化し，生物が生息できない海底が大阪湾の約1/3の海域で広がっている[2]．このような環境悪化の原因を軽減もしくは取り除くため，流入負荷の削減，人工干潟や藻場の造成による環境修復が試み

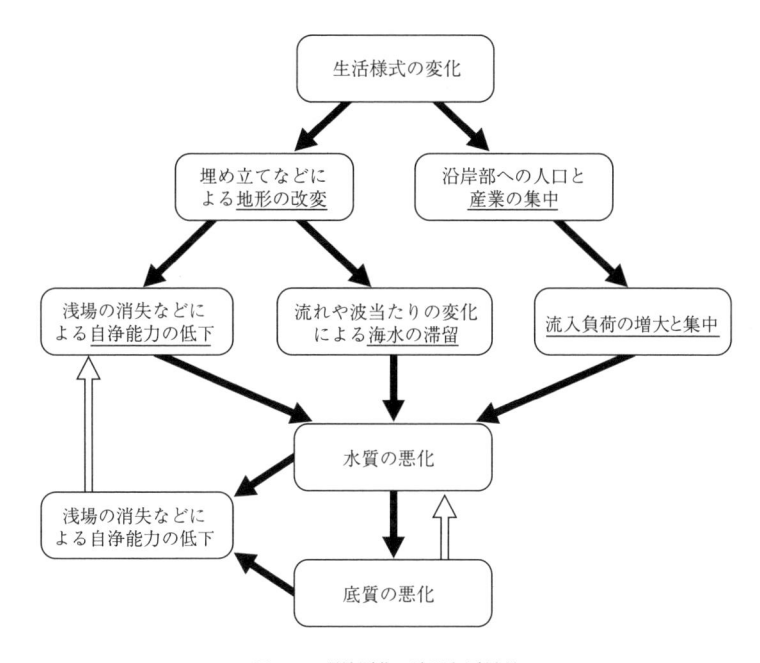

図3・1 環境悪化の連関と悪循環

られてきた．その結果，水質については一定の改善が見られたが，依然貧酸素水塊が大規模に発生しており，望ましい漁場環境とはいいがたい状態が続いている．大阪湾の環境が再生されない要因として，底質からの栄養塩の溶出，浅場の消失や貧酸素水塊の蔓延により生物・生態系が担ってきた海域の自浄作用が壊滅的な打撃を受けたことなどが考えられる．環境悪化の原因と結果が比較的明確な「一方向型の悪化」（図3・1中の➡）が，複合的な要因による「循環型の悪化」（図3・1中の⇨），すなわち「沿岸環境の悪循環」が定着したためであるといえよう．

このような悪循環は，閉鎖性がさらに強い港内や人工島の背後に形成された水路状の海面・運河において著しい．環境の悪循環を改善するためには，単一技術だけでなく異なる複数の技術の組合せが必要となる．また，悪循環を好循環へと転じさせるためには，技術を継続して繰り返し現地に適用する必要がある．

§2. 環境再生の動向と課題

2・1 環境再生の動向

大阪湾では「都市再生特別措置法」に基づき，2003年に『大阪湾再生推進会議』が設置され，都市インフラとしての大阪湾の再生が進められている．大阪湾再生では，「さらなる陸域からの流入負荷削減対策の強化，海域における良好な環境の回復による水質浄化対策など，大阪湾の水環境の改善対策を講じることにより，海と都市のかかわりに重点を置く総合的な海の再生」が掲げられ，いくつかのアピールポイントにおいて，NPOや市民の参加により様々な取り組みが行われている．また，国土交通省によって「運河の魅力再生プロジェクト事業」が設立され，2007年度から尼崎港内の運河がモデル地域となり，運河の魅力を再発見し，地域の個性を活かした水辺の賑わい空間づくり，水上ネットワークの構築による運河を核とした魅力ある地域づくりが進められることになった．

高度成長期には埋め立ての対象であり，その結果環境が著しく悪化した沿岸域であるが，今改めて都市のインフラとしての水辺の存在と価値が見直され，環境の修復・再生が進められつつある．

2・2　環境再生の課題

　沿岸域の環境再生を進めるためには「ニーズ」「仕組み」「技術」の各条件が整う必要がある（図3・2）．「ニーズ」は，沿岸の環境をよくしたいという市民のニーズ・認識である．都市住民の海に対する意識の欠如が指摘されるなか[3]，住民が海の存在とそこでの問題

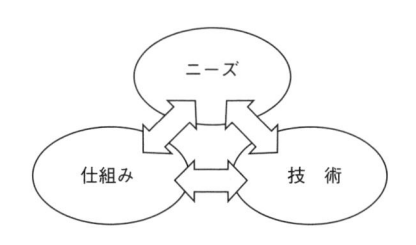

図3・2　環境修復を進めるための課題

に気づき，その原因が日常生活に起因するという事実をいかに認識できるかが課題である．

　「仕組み」は，施策としての事業の仕組み，そして予算措置である．公共財としての海を誰がどのような施策で再生するのか，その際どのような予算を用いるのか．境界のない海においても，行政の縦割りが大きな課題といえる．

　そして「技術」である．技術については次節において，尼崎港内での取り組みを例に課題を示すこととする．

　これら「ニーズ」「仕組み」「技術」のバランスが整って初めて，都市沿岸域の環境再生が進む．現状は，「ニーズ」の高まりとともに市民やNPOによるソフトな取り組みが進みだしたものの，インフラとしての海に対するハードな取り組みがなかなか進まない．

§3．尼崎港内における環境修復技術の効果検証

　技術的な課題を解決するための取り組みとして，尼崎港内における環境修復の取り組みを以下に紹介する[4, 5]．最適な技術の組合せを実海域に適用し，効果を実証した上で事業化に向け歩みを進めた事例である．

3・1　研究の枠組み

　大阪湾の最奥部に位置する尼崎港内において，複合的な要因によって悪化した港内の環境を修復するため，いくつかの技術を組み合わせて適用する「環境修復技術のベストミックス」の試みが図3・3の手順で進められた．

　ここでは，既存のデータ並びに補足調査に基づき，港内における物質循環構造をまとめ，港内環境の診断が実施されている．また，悪化の原因を明らかに

するとともに，修復目標並びに目標達成のための基本方針を表3・1，3・2のように設定している．

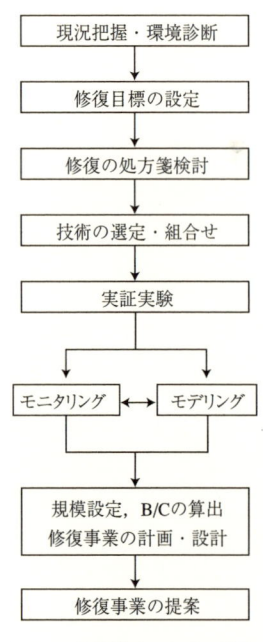

```
┌─────────────────┐
│ 現況把握・環境診断 │
└────────┬────────┘
         ↓
┌─────────────────┐
│  修復目標の設定  │
└────────┬────────┘
         ↓
┌─────────────────┐
│  修復の処方箋検討 │
└────────┬────────┘
         ↓
┌─────────────────┐
│ 技術の選定・組合せ │
└────────┬────────┘
         ↓
┌─────────────────┐
│    実証実験     │
└────────┬────────┘
         ↓
┌──────────┐  ┌──────────┐
│ モニタリング │←→│ モデリング │
└──────────┘  └──────────┘
         ↓
┌─────────────────┐
│ 規模設定，B/Cの算出│
│ 修復事業の計画・設計│
└────────┬────────┘
         ↓
┌─────────────────┐
│  修復事業の提案  │
└─────────────────┘
```

図3・3 尼崎港内における環境修復フロー

表3・1 定量的修復目標

項目		目標	現況
水質	透明度（年平均）	5 m 以上	2.5 m
	DO（夏季底層）	3.0 mg/l 以上	0 mg/l

表3・2 目標達成のための基本方針

① 下水処理水の負荷削減については本研究の対象措置に含まない
② 修復技術が港内外で新たな環境影響を及ぼさないこと
③ 自然のエネルギーを利用する（化石燃料を消費しない）こと
④ 維持管理が不要であること
⑤ 自然の材料を使用すること
⑥ 港湾機能に支障を及ぼさないこと

3・2 実証実験施設と研究内容

環境悪化の各種要因に対する修復措置を，より効果的に組合せ総合的に実施するため，ここでは，①浮体式藻場，②エコシステム護岸，③人工干潟，④石積堤を用いた閉鎖性干潟，⑤流況制御の各技術を組合せて実海域に適用し（図3・4），各技術の機能と組合せによる相乗効果を検証した．

1）浮体式藻場

尼崎港内では透明度が非常に低いため，常に最適な光環境を確保するための藻場造成手法として，浮体式を採用した．浮体式は，水深が深い場所で海藻の生育が可能な水深帯の基盤を造成するためのコストを軽減できる．浮体に用いた筏は，長さ1 m，幅3 mで，それを3基設置した．筏に10種類の海藻種苗を植えつけたロープを垂下し，生長を観察した．主な成果は以下のとおりである．

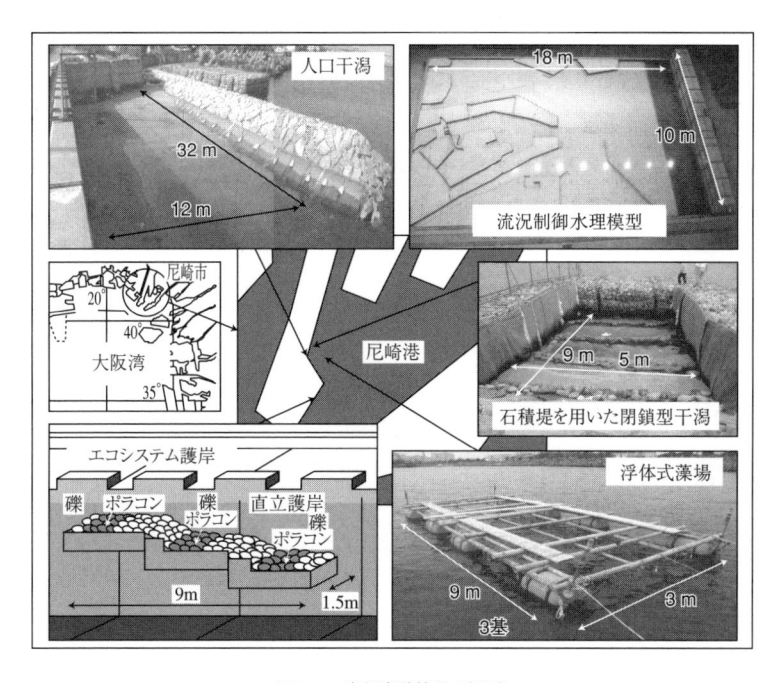

図3・4　実証実験施設の概要

① 10種の海藻から，藻場構成最適種がワカメであることを明らかにした．
② 海面100 m^2当たり30～100 kg（湿重）のワカメの収穫を可能にした．これは窒素量で0.6～2 kgに相当する．
③ 収穫したワカメの循環型利用方法として堆肥化，超臨界水およびメタン醗酵によるガス化を実証した．その結果，超臨界水では海藻中の炭素の7.8 %を，メタン醗酵では海藻中の炭素の34 %をメタンガスとして回収できることがわかった．

2）エコシステム護岸

エコシステム護岸は，直立護岸における生態系の回復と海底への堆積物負荷量の削減を目的とするもので，既存の垂直護岸に敷設した．1つの棚は護岸に沿って3.0 mの延長と海側に1.5 mの幅をもつ．この棚をDL-0.5 m，DL-1.0 m，DL-1.5 mに設置し，水深別に生物相・生物量の推移を調査した．主な成果は以下のとおりである．

①既設の垂直護岸に比べ，棚部では10倍以上の堆積物食生物（量）が確認され，多種・多量の生物が生息可能であることが明らかになった．

②イガイなど壁面の付着動物に由来する有機物を棚部で受け止め，堆積物食生物が利用することによって，海底への負荷量を従来の垂直護岸に比べ64％削減することができた．

③海底への有機物負荷を削減することによって，貧酸素を招く海底での酸素消費量を11％削減でき，港内の底層DOの改善に寄与することが明らかになった．

3）人工干潟

人工干潟は，港内の地盤が軟弱であることから比較的地盤が良好な既設の護岸に沿った形で1/50の勾配をもつ長さ32 m，幅12 mの規模とした．また，干潟面積の2/3を潮間帯に，1/3を潮下帯とした．造成した干潟の物理的環境並びに生物相の変化をモニタリングするとともに，人為的にアサリを入れ，成長・生残について調査した．主な成果は以下のとおりである．

①3～7月の間のアサリの成長によって，干潟1 m^2 当たり窒素18.8 g，リン1.86 gが吸収・固定されることが確認された．

②静穏性が高い箇所ではイガイなどの二枚貝がマットを形成し，アサリなどの生育を妨げることが判明した．この対策として，干潟面に小規模な突起状の構造物を置くことによって生じる渦が，底質に人為的な攪乱を起こし，二枚貝によるマットの形成を抑制する効果を実証した．

4）石積堤を用いた閉鎖性干潟

海中の懸濁物を除去し水質を浄化する技術として，石積堤で囲まれた閉鎖性干潟を造成した．施設は全体の堤体延長が41 m，堤体幅が沖側前面で4 m，側面で1.5～2 mである．石積堤で囲まれた閉鎖性干潟は，幅5 m×奥行5 mの矩形形状となっている．主な成果は以下のとおりである．

①石積堤による礫間接触酸化効果により，最大75％の懸濁物質除去率が得られ，堤内部の透明度を高めることができた．

②静穏性並びに透明度が高いため，内部では付着藻類の活性が高まり，光合成による酸素供給が可能であることが確認された．

5) 流況制御

大阪湾は全体的に閉鎖性の強い海域であるが，特に湾奥部の西宮・尼崎沖から境・岸和田沖にかけての海域は，明石海峡から湾中央部に形成される強い循環流域に押し阻まれた形態となって，海水が長く滞留する停滞性海域を形成している．このため大阪湾全体の海水交換を促進するために，明石海峡の潮流を利用して循環流を湾奥部に拡張・促進させる実験が瀬戸内海大型水理模型で行われ，その効果が検証されている．湾の特性に応じて循環流形成のツボを特定できれば最小の地形変化（構造物を含む）で流況制御が可能となることが示唆されている[6]．そこで，停滞性の強い海域の水質改善や貧酸素水塊の解消，透明度の改善を目的に，尼崎港を再現した水理模型を用い，潮流を利用し尼崎港の海水交換を促進するための流況制御技術の適用方法について水理実験を行った．尼崎港水理模型は，（独）産業技術総合研究所中国センターの平面水槽内に作られた縦18 m，横10 m，水平縮尺1/500，鉛直縮尺1/63のもので，現地の潮汐潮流を再現させることができる．主な成果は以下のとおりである．

①港内の海水交換を高める方法として，埋立地の一部開削，埋立地内の遊水池造成が有効であることを実証した．

②港内の栄養塩の滞留を改善するためには，下水処理施設からの放流位置を変えることが有効かつ現実的であることを実証した．

3・3 環境修復技術のベストミックス

尼崎港内の実証実験施設のモニタリングと水理模型での実験結果に基づき，個別技術の機能を明らかにするとともに，環境修復技術のベストミックスについて検討した．なお，技術の組合せによる相乗効果を定量的に評価するため，生態系モデルを用いたシミュレーションを行った．

1) 環境修復技術の機能補完関係

モニタリングの結果から，各技術が有する主な機能を表3・3のように定量化することができた．また，それぞれの実証実験施設の機能が補完関係を有し相乗効果を示すことが明らかになった．これらの相互関係を図3・5に示した．図中の外側の枠が「流れ場」すなわち流況制御であり，流況制御と浮体式藻場，エコシステム護岸，人工干潟，磯・閉鎖性干潟との補完機能をグレー着色の枠内に示している．また，太い矢印は浮体式藻場，エコシステム護岸，人工干潟，

閉鎖性干潟相互の補完機能を表しており，その説明を吹出し枠内に示している．なお，海藻の胞子・遊走子，付着動物や底生動物の幼生などの供給に関しては，すべての技術が関係する機能であることからこの図では省略している．

表3・3 各技術が有する機能

技　術	機　　　　　　　　能		
	機　能	単位	値
浮体式藻場	溶存態の栄養塩を海藻が吸収固定	窒素kg / 100m² 年	0.6～2.0
エコシステム護岸	棚部に生息する生物による有機懸濁物の除去	％（対垂直護岸比）	64
人工干潟	2枚貝が有機懸濁物・堆積物を捕食し除去	窒素kg / 100m² / 5ヶ月	約2.0
閉鎖性干潟	礫間接触酸化などによる懸濁物の除去	％（懸濁物除去率）	最大75

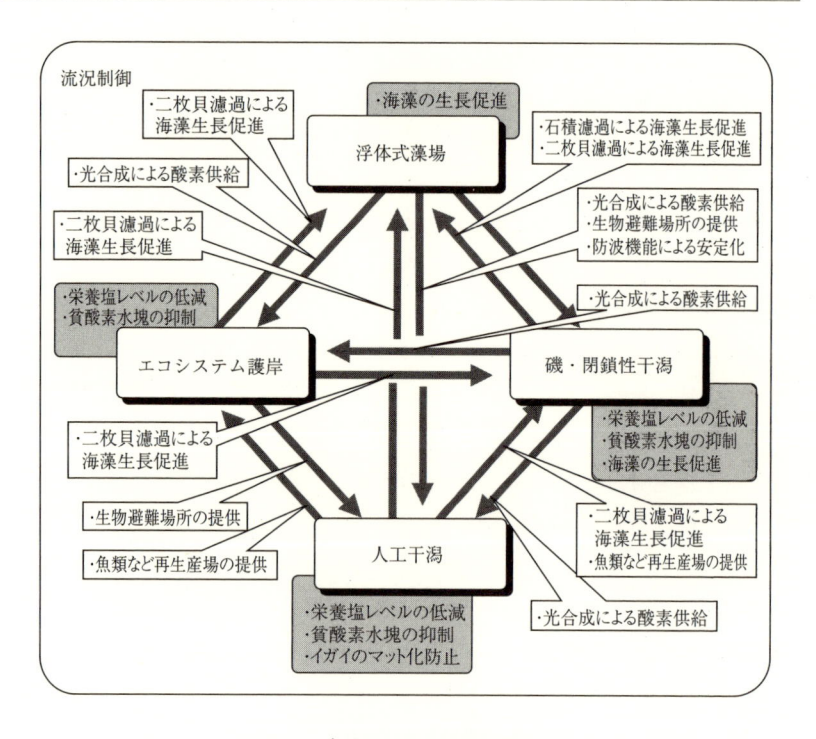

図3・5　各技術の相互の機能補完関係

2）相乗効果の定量化

実証実験で選択した環境修復技術は互いに多くの補完機能を有しており，しかも複数の技術が絡み合うことで機能の増幅が図られている．この中から，懸濁物食性2枚貝の濾過による光環境の改善や海藻の光合成による酸素供給など，物質循環型の生態系モデルで定量化できる補完機能に着目し，技術の組合せによる水質改善効果の定量的評価を試みた．

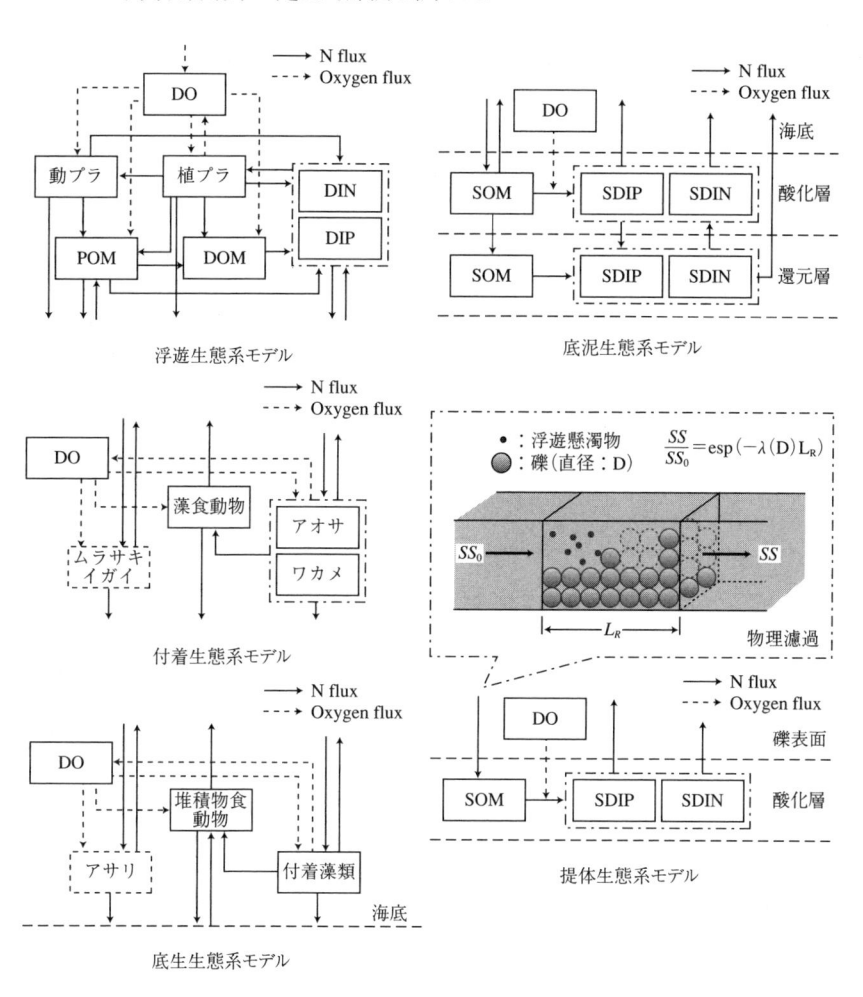

図3・6 モデルの構成

実証実験を行った技術を対象としてモデル化し，尼崎港内全域で環境修復技術を適用した場合を想定し，技術適用の有無，組合せの違いなどの比較計算を行った．ここで用いた生態系モデルは物質循環型のボックスモデルで，港内の流動の変化を考慮することができないため，流動制御技術に関しては下水処理場からの排水を港口部に移動させた場合（負荷量減少に相当）のみを扱った．

評価に用いた生態系モデルは，中谷ら[7]がりんくう公園内海のモデルとして開発した生態系モデルを基礎としている．このモデルは図3・6に示すように，浮遊系・付着系・底生系・底泥系・堤体系の各生態系モデルを独立なユニットとして扱い，ボックスごとに任意に組合せることができる．各技術の特徴が表現できるよう，ワカメ・ムラサキイガイ・アサリを加え，それらの現存量が明らかな3月と9月に限定して定常計算を行った．

浮体式藻場・エコシステム護岸・人工干潟・閉鎖性干潟・流況制御の各技術を組合せた10ケースについて，透明度およびDOを指標に効果の予測を行った．その結果は表3・4に示すとおりで，尼崎港内に①浮体式藻場35 ha，②エコシステム護岸4,600 m，③人工干潟42 ha，④磯14 haを設置し，⑤流況制御（下水処理水放流位置の変更）という，組み合わせDによって，港内の夏季の透明度が約4 m（表3・4に示す現状Aの透明度は1.1〜1.3である．なお，現状の年平均は2.5 m），底層溶存酸素が約3 mg/l（現状AのDOの値は0.03〜0.32）に改善されると予測された．

3）尼崎港内における環境修復事業の提案

尼崎港内の環境を目標レベルまで修復するためには，前述のような規模での技術の組合せが必要であることが明らかになった．しかし，この規模で技術を適用した場合，港湾の機能が成立しなくなることから，さらに実現性を考慮し，技術の配置・規模の設定，施工方法に関するケーススタディを行った．その結果を踏まえ，干潟：22 ha，浮体式藻場：8 ha，エコシステム護岸：1,100 mの実施による港内の環境修復事業を港湾管理者に提案した．これらが実施されることによって，港内の透明度が2.2 m，底層のDOが約1 mg/lとなり，修復目標には達しないものの，海底の無酸素状態は解消される．さらに，これらの事業に要する費用を試算した結果は表3・5に示すとおりとなった．

表3·4　各施設の組合せによる効果の比較（主な予測評価結果）

施設の組合せ	適用技術					効果（9月の水質）	
	浮体式藻場	エコシステム護岸	人工干潟	閉鎖性干潟	流況制御	透明度 (m)	底層DO (mg/l)
A						1.1～1.3	0.03～0.32
B			○			1.5～3.1	0.88～2.02
C	○	○	○	○		2.2～3.5	1.12～2.24
D	○	○	○	○	○	2.4～3.7	1.56～2.85

注）ここでの流況制御は下水処理水の排水口の移設を意味する．

表3·5　コストの算出例

区分	諸元・規模	概算事業費
干潟および磯	砂留め潜堤：約2,800 m 干潟：約22ha	2,800百万円 7,400百万円
浮体式藻場	約8 ha	50百万円
エコシステム護岸	延長約1,200m	1,500百万円
合　計		11,750百万円

§4. 閉鎖性海域の環境再生を進めるために

閉鎖性海域において環境再生を進めるためには，図3·3に示した手順で，環境診断，目標設定，処方箋の検討，技術の選定と組合せ，そして効果の予測・評価とコストの試算に基づく「費用対効果（B/C）」の検討といった手順を踏む必要がある．尼崎港における取り組みは，そのような手順を実海域で具現化した先駆例といえよう．

しかし，前述のように，住民の環境意識など「ニーズ」が低く，制度や資金などの「仕組み」も不十分な現状では，このような手順に沿って事業を実施することが難しい．筆者らのような「技術」を専門とする者も，積極的に「ニーズ」喚起や「仕組み」作りに関与していかなければ，環境再生は進まない．

もう1つ環境再生のスピードを遅らせている原因が技術の効果評価に対する不確実性である．特にB/Cの議論をする際には，ベネフィットである環境改善効果の見積もりは重要である．しかし複雑で予測が難しい生態系が効果の鍵を握っているという宿命から，ある程度の不確実性を前提として結論を出さざるを得ない．環境再生を進めるためには，「やりながら学ぶ」という「順応的管

理手法」が不可欠であろう．また，環境再生を進めることは，多様な主体が必要であり，合意形成も当然必要である．しかしながら，わが国の風土からは環境に対する熱意や理念が乏しく，自然との生活の場を多く造ることが先決である．更に環境再生の事業化には，やはり「自然再生型公共事業」が必要である．壊すことにお金を使ったなら，直すことにもお金を使うことが当然である．日本も米国のように「ミチゲーション」制度を施行することが環境再生を促進する上で有効かも知れない．

環境再生のための「ニーズ」「仕組み」「技術」ともに課題が多く残されるなか，市民・行政・研究者が場を共有し，イメージだけの"修復""創造""再生"といった言葉に振りまわされること無く，地道な取り組みを着々と進めることが大切であろう．

文献

1) 上嶋英機：閉鎖性海域における最適環境修復技術の効果検証と最適技術のパッケージ化，土木学会論文集，741, 95-100 (2003).
2) 中西 敬：海生生物の生息空間に及ぼす貧酸素水塊の定量的影響評価，海岸工学論文集，48, 1061-1065 (2001).
3) 中辻啓二：海域環境の保全・創造策に関する調査研究，大阪湾に対する住民の意識調査，2001, pp.2-26.
4) 財団法人国際エメックスセンター：閉鎖性海域における最適環境修復技術のパッケージ化研究開発成果報告書，平成15年度環境技術開発推進事業［実用化研究開発課題］．1.1-8.2 (2004).
5) 上嶋英機・中西 敬：閉鎖性海域における最適環境修復技術のパッケージ化，環境技術，34, 2-6 (2005).
6) 上嶋英機：沿岸域における最適環境修復技術，水工学シリーズ03 − B-7, 土木学会（海岸工学委員会・水工学委員会），2003, pp.B-7-1-19.
7) 中谷直樹・大塚耕司・奥野武俊：生態系モデルを用いた環境修復技術の機能評価ーりんくう公園内海の事例ー，土木学会論文集，VII-30, 13-28 (2004).

4章　広島湾生態系の保全と管理

橋本俊也*・青野　豊*・山本民次*

§1. 広島湾の概要

　広島湾は倉橋島と屋代島に囲まれた閉鎖性内湾であり，面積1,043 km^2，容積2.69×10^{10} m^{3}で，音戸瀬戸，柱島水道，大畠瀬戸によって安芸灘と伊予灘につながっている（図4・1）．広島湾内には厳島と西能美島があり，これらにはさまれたナサビ瀬戸によって北部海域と南部海域に分けられ，北部海域はさ

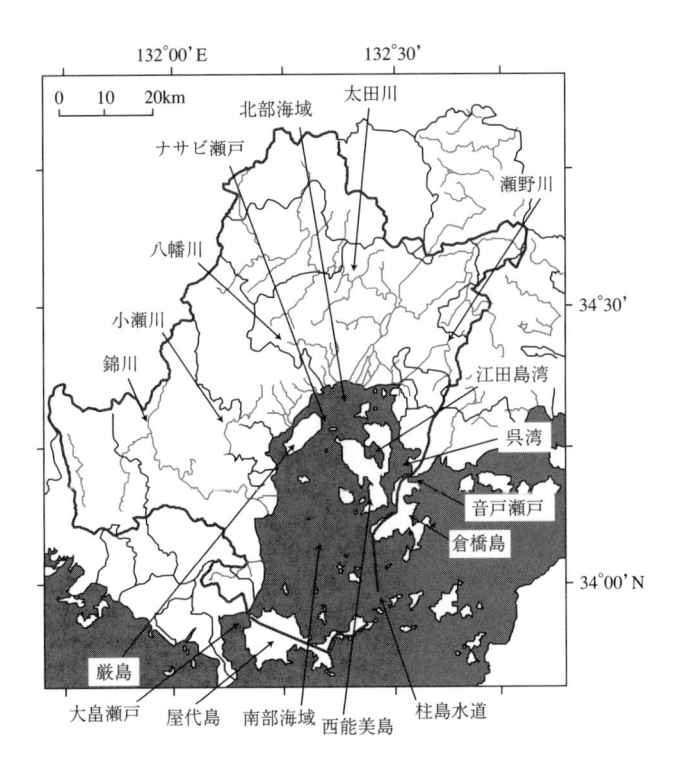

図4・1　太田川流域圏と広島湾

---

*　広島大学大学院生物圏科学研究科

らに閉鎖性が強い．北部の面積は141 km^2（呉湾，江田島湾を入れると210 km^2)，容積は2.2×10^9 m^{3}であり，容積では南部海域のそれ（2.47×10^{10} m^3）よりも1桁小さい．

北部海域には，一級河川の太田川や小瀬川の他，瀬野川などが注ぎ，南部海域には，八幡川，錦川などが流入している（図4・1）．これらのうち，太田川の流域面積は1,700 km^{2}で広島湾全体の面積（上述）よりも大きく，年間流量約2.7×10^9 m^{3}である．したがって，北部海域は淡水流入による塩分傾斜が大きく，水柱は鉛直混合が起こる寒冷期を除き，常に塩分差によって成層している[1]．

太田川の流域面積の約80％は森林であり，中流域の行森川合流点から祇園水門までは，1985年に環境庁（現在の環境省）の全国名水百選に選ばれたことからも，かなりの清流であることがわかる．しかしながら，広島湾に注ぐ手前で政令指定都市である広島市（人口約115万人）を流れるため，ここでの栄養塩などの流入が大きい．

広島湾に対する全リンの発生負荷量は，環境省の調べでは，ピーク時に比べて約6割削減されている．また，筆者らが太田川河口域3測点（大芝水門，御幸橋，仁保橋）での濃度測定値を集計し，少し上流の矢口第一観測所での流量をかけて全リン（Total Phosphorus；TP）および溶存態無機リン（Dissolved Inorganic Phosphorus；DIP）の負荷量を計算したところ，両者とも減少傾向は明らかで，とくにDIP負荷量は1980年ころのピーク時に比べると，環境省の発生負荷量調査と同様，現在は約1/3という顕著な減少を示した（図4・2）[2]．DIP濃度の減少に大きく寄与したのは，無リン洗剤の利用と下水道の普及（2003年3月時点の普及率91.1％；広島市下水道局HP）である．

環境庁（現環境省）は，閉鎖性海域である瀬戸内海の水質環境の保全対策として，1973年の瀬戸内海環境保全臨時措置法とその改正法である1978年の瀬戸内海環境保全特別措置法により，陸域からの負荷の削減を中心とした施策を行ってきた．これにより，一時の富栄養状態は現在では改善されたが，負荷の削減をいくら進めても多くの海域ではそれ以上水質がよくならず，底質の汚濁が改善しないこと，漁業生産にかげりが見え始めていることなどから，大阪湾を除く海域では，第6次水質総量規制では削減を見送ることとした．

広島湾では養殖カキの生産がピーク時の約1/2に低下しており，このことは

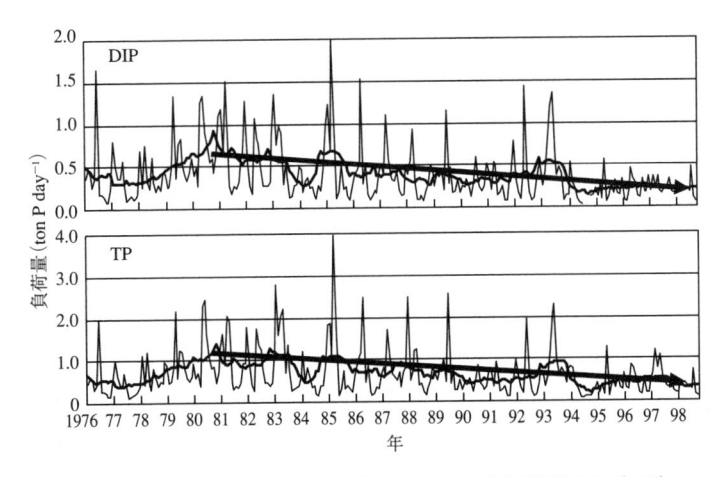

図4・2 太田川による広島湾に対するリン負荷量．上図：溶存態無機リン（DIP），下図：全リン（TP）．河口デルタ域3ヶ所で測定された濃度の平均値に矢口第一観測所（上流部でデルタになる手前）で測定された流量の連続測定値をかけて求めた[2]．

負荷の削減によるところが大きいことが指摘されている[3, 4]．生態系は水質や底質などの無機質の環境のみから成っているわけでなく，系内にはさまざまな生物が生息し，食う－食われるの関係や生物－非生物間の関係が成り立ち，外的な作用に対して動的に変化する．したがって，広島湾においても負荷量の削減が海域の水質改善に作用せず，養殖カキの生産を直撃することになることは，生態学的観点からは十分に考えられる．

　生態系内の物質循環を定量的に把握し，よりよい環境保全施策を立てるための手法として，近年では生態系モデルが使われるようになってきた．広島湾ではカキ養殖が持続的に行われるという水産物生産の場としての重要性を無視して，生態系の保全はありえない．そこで，負荷に対する広島湾生態系の応答，とくに養殖カキの成長がどのようになるのかについて，以下では筆者らが行ってきたカキを含む広島湾の低次生態系モデルによる計算結果について述べる．

§2. 生態系モデルを用いたカキ養殖の影響評価

　カキの生理特性を組み込んだ低次生態系モデルを構築し，広島湾に適用することにより，低次生産や底質への有機物負荷に対してカキ養殖がどの程度影響

を及ぼしているのかを検討した.

　カキ養殖の多くは北部海域で行われているので，那沙美瀬戸以北の北部海域を対象海域とし，南部海域および呉湾を境界領域と設定した（図4・3）. さらに北部海域の中にカキ養殖場を想定したボックスを設定した. 広島湾北部のカキ養殖場がすべてこのボックス内に存在するものと仮定し，その面積はカキ筏の数に筏の平均的なサイズである 10 m × 20 m を乗じたものとした. 広島湾北部海域では，河川水の影響により塩分成層が発達し，しばしば冬季でも成層が見られることが知られている[1]. 通常，密度成層は水深約 5 m 付近に発達するため[5]，モデル対象海域を通年にわたり水深 5 m を境に上層と下層に分割して，北部海域上層・下層，カキ養殖場上層・下層の 4 ボックスをモデルの計算対象とした.

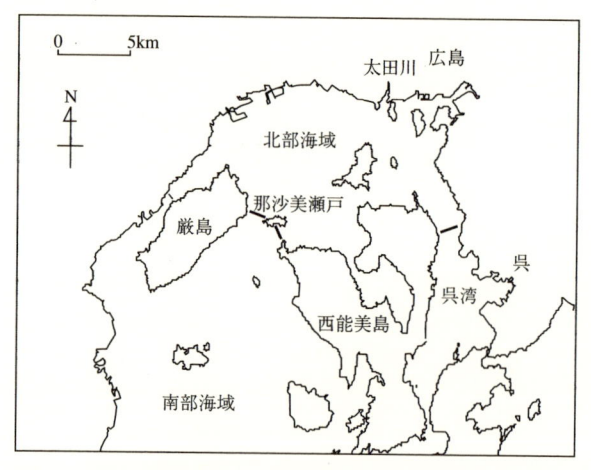

図4・3　広島湾の地理的形状. 那沙美瀬戸以北の北部海域を計算領域とした. 図中のラインは境界線.

　北部海域の海水交換は移流と拡散によって行われるものとした. 北部海域は一級河川である太田川から淡水流入の影響を強く受けている. 太田川からの流入水（淡水）は海水より軽いため，上層を通って南部海域に流出し，それにともなって南部海域下層からは流入する流れ（河口循環流）が形成される[5]. この河口循環流を移流とし，潮流など，その他の海水の動きをすべて拡散として表した. 移流・拡散の大きさについては，実測された塩分をもとに算出した[6].

ここでは，リンを対象物質とし，北部海域では栄養塩，植物プランクトン，デトライタス，溶存有機物，動物プランクトンの5つのコンパートメントを，カキ養殖場ではカキを加えた6つのコンパートメントを組み込んだ生態系モデルを構築した（図4・4）．植物プランクトンによる光合成などカキの生理以外の

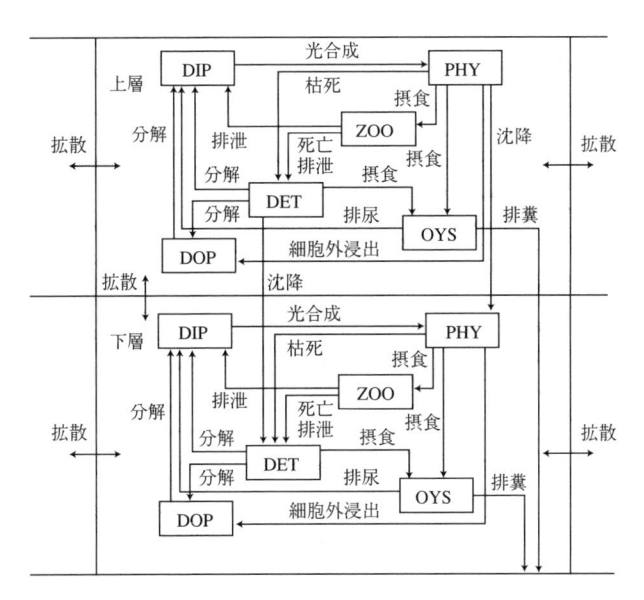

図4・4 カキ養殖場内のモデルの概要．DIP：溶存態無機リン，DOP：溶存態有機リン，DET：デトライタス，PHY：植物プランクトン，ZOO：動物プランクトン，OYS：カキ．

生物・化学過程の定式化やパラメータの設定は，既往の学術論文[7, 8]を参照した．水温など環境の変化や餌濃度に対するカキの成長や排泄など，カキの生理的応答の定式化やパラメータの設定は，Songsangjinda et al.[9]を基本とした（図4・5）．太田川からのリン負荷量などは公共機関が発行している資料を基に算定した[10]．沿岸に立地する工場などから河川を

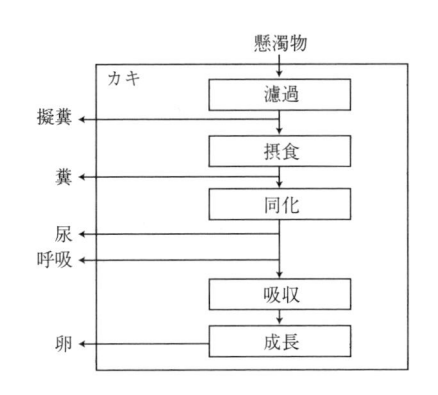

図4・5 カキの生理応答モデルの概要[9]

経由せずに，直接海域に負荷されるリン量は，河川を経由して広島湾に流入する全リン（TP）量と工場などから流入するTP量との比[11]から求めて加算した．降水によるDIPの負荷量は湯浅[12]の報告にある雨水中のDIP濃度の値に降雨量を乗じて求めた．さらに，カキ養殖場の溶存酸素濃度の変動を計算した．カキ養殖場では，海底堆積物に対するカキの糞による負荷の割合が非常に大きいものと仮定し，溶存酸素の消費はカキの糞の分解のみを考えた．広島湾北部海域で実測された溶存酸素濃度を季節ごとに平均したものを境界条件として与えた．計算はタイムステップ0.002日で1月1日から1年間行った．

　計算結果と実測値を比較したところ（ここでは，広島湾北部海域上層の溶存態無機リン濃度とカキ剥き身重量の結果を示す；図4・6，4・7），モデルは現状を比較的よく再現していると判断することができた．

　カキから放出される糞・擬糞は比重が大きいため沈降速度が速く，カキ筏周辺の底泥に対する直接的な有機物負荷となり，底質を悪化させる．モデルの計算結果によると，カキの糞・擬糞による底泥へのリン負荷量は年間23.9 t Pであり，この値は，主に太田川から広島湾北部海域に負荷されるリン量の約23％に相当している．このように，大量の有機物がカキ養殖場周辺の局所的な場所に集中して負荷されていると考えると，カキ養殖の底質に対する影響は非常に大きいものと考えられる．カキ養殖場下層の溶存酸素濃度の計算結果（図4・8）

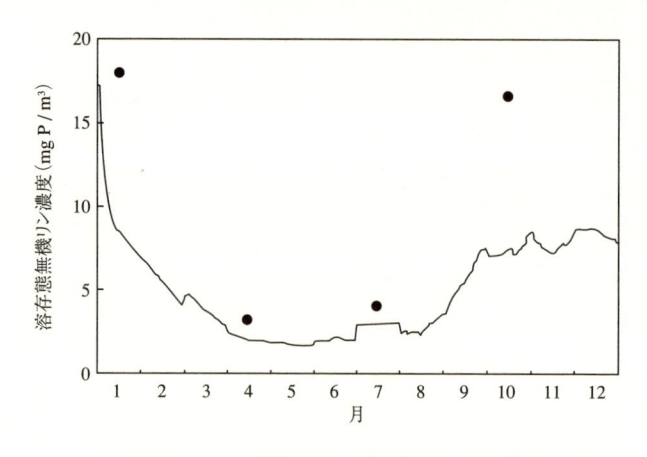

図4・6　生態系モデルによる計算結果．広島湾北部海域上層の溶存態無機リン濃度の経時変化．実線が計算結果，黒丸が実測値．

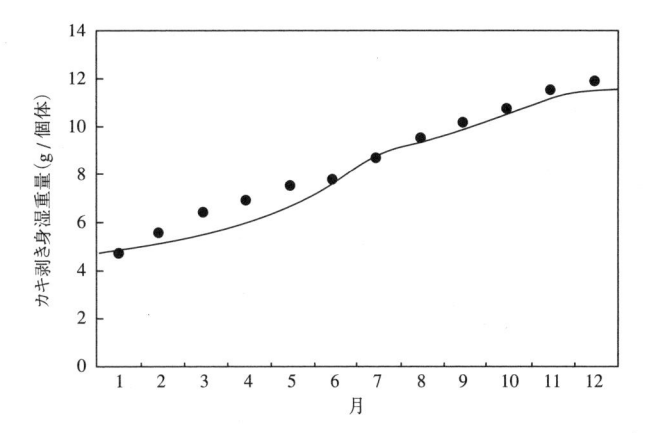

図4・7 生態系モデルによる計算結果．カキ1個体当たりの湿重量の経時変化．実線が計算結果，黒丸が実測値．

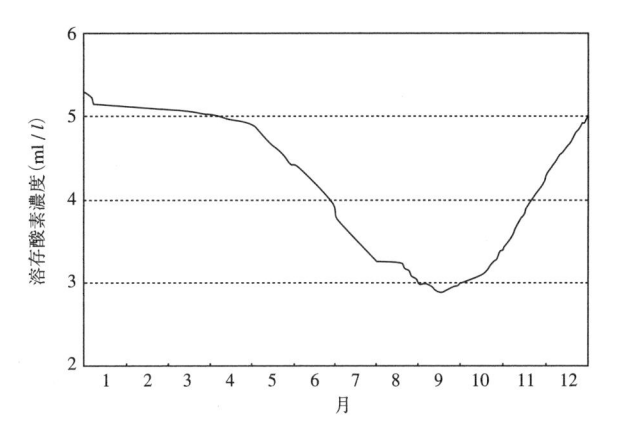

図4・8 生態系モデルによる計算結果．カキ養殖場下層の溶存酸素濃度の経時変化．

を見ると，冬季の鉛直混合期には高い溶存酸素濃度を示していたが，成層形成期である初夏頃から，南部海域への養殖筏の移動に伴い養殖量が減少するにもかかわらず，徐々に溶存酸素濃度が低下し始め，9月中旬に最も低い濃度となった．底層の溶存酸素濃度の低下は，底生生態系に大きな影響を及ぼすことが知られている．また，大規模な貧酸素水塊の発達によって魚介類が斃死する漁業被害に見舞われることもしばしば起こる．水産用水基準[13]では，内湾漁場

の夏季底層において最低限維持しなければならない溶存酸素濃度を3.0 ml / l としている．モデルの計算結果から，最も溶存酸素濃度の低下する9月のカキ養殖場下層における溶存酸素濃度は，現状の養殖量でも2.95 ml / lとなり，わずかではあるが3.0 ml / lを下回っていた．本モデルでは6月から9月までの期間は養殖筏が南部に移動することを考慮してある．したがって，その期間中の北部海域におけるカキの個体数は大幅に減少しているにもかかわらず，夏場の溶存酸素濃度の低下が顕著に現れた．これらの結果から，カキの排泄物による有機物負荷は養殖場周辺環境に大きな影響を与えていることが推測された．

本モデルを用いて，カキ養殖量を150％，130％，100％（現状），70％，50％と変化させ，養殖量の変化による環境への影響を評価した．まず，それぞれの養殖量変化におけるカキ養殖場下層の溶存酸素濃度を計算した．図4・9に，現状の養殖量の場合において溶存酸素濃度が最も低下する9月の平均値を示した．現状より養殖量を増加させた場合，現状よりもさらに溶存酸素濃度は低下した（130％：2.60 ml / l，150％：2.38 ml / l）．逆に，現状より養殖量を減少させた場合，溶存酸素濃度は上昇し（70％：3.30 ml / l，50％：3.53 ml / l），先に述べた基準値（3.0 ml / l）を上回った．底層の溶存酸素濃度の上昇は，底質の改善や底生生物量の増加をもたらし，漁場全体を健全な状態にする．本モデルの結果から，養殖量の縮減（あるいは削減）は漁場の環境回復と持続的な利用に有効な手段であると考えられる．1999年1月に「広島カキ緊急対策連絡会議」は広島湾内のカキ筏数を1999年内に1割削減し，5年をめどに3割削減することを決定している．この養殖量削減目標は科学的根拠に基づいて設定されたわけではなかったが，本モデルの結果は，この削減目標（3割）が偶然にも適切な数値であったこと

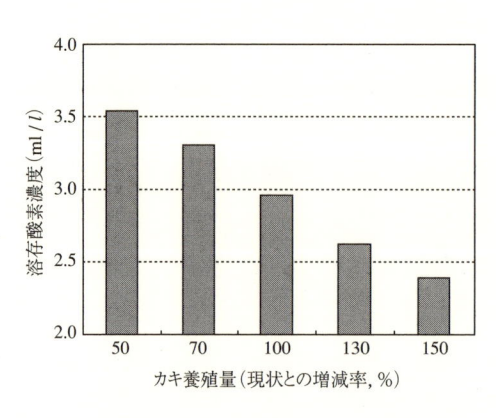

図4・9 生態系モデルによる計算結果．カキ養殖量を変化させた場合の，養殖量下層の溶存酸素濃度（9月の平均値）．

を裏付けることとなった．

　しかしながら，養殖量の減少は，水産業としての収穫量が減少することにつながり，カキ養殖に生計を依存している漁業者には簡単に受け入れられるものではない．カキ養殖量の縮減によって，カキ1個体当たりの餌の配分を増加させ，その結果，個体重量を増加させる効果をもたらす．本モデルで養殖量を70％とした場合，1個体当たりの重量は7.6％増加した．大粒のカキは販売価値も高く，経済的に養殖量の減少を補うことが可能となることが期待できる．ただし，生産されたカキがどれだけの価格になるのかは他の海域からの出荷量などにも関係するので，簡単に予想をつけられる問題ではない．しかしながら，カキ養殖量削減施策を科学的かつ現実的に実行していくためには，今後考慮しなければならない重要な課題である．

§3. 結　語

　筏に吊り下げて養殖されているカキは懸濁物を食べて成長する濾過摂食者である．餌となる植物プランクトンは栄養塩の負荷量の多寡に依存するので，それを食べて成長するカキも栄養塩負荷量に大きく依存するのは当然である．つまり，栄養塩の負荷の増減が一次生産量の大きさを決め，ひいてはカキの生産量に影響する[4, 8]．しかし，本章で述べてきたように，余剰の一次生産やカキの糞などが貧酸素を引き起こす原因となっている．生態系内での物質循環は複雑かつダイナミックであるので，頭で考えているだけでは答えは見いだせない．カキを最大限かつ持続的に養殖できる負荷レベルの設定，すなわち「環境収容力」の見積もりは科学的根拠に基づいて行われなければならず，ここに生態系モデルによる計算の意味（価値）がある．養殖量3割削減という広島県の思い切った施策は必ずしも科学的根拠に依拠したものではなかったが，偶然にも筆者らの計算はそれがそれほど間違ったものではなかったことを裏付けた．

　ここで紹介した筆者らの数値モデルは比較的単純なものであるが，広島湾の環境保全施策を考える際のヒントになる．現在，中国経済産業局はこれをベースに，高度な流動モデルと負荷量の綿密な集計結果，さらには底生生態系を組み込んだ数値生態系モデルを構築し，さまざまな環境再生シナリオに対して科学的で蓋然性の高い予測を行う計画をしている．一方，中国地方整備局が中心

になって関係市町村が参加した広島湾再生推進会議が設置され,「広島湾再生行動計画」(2007年3月)が作成されたところである.ここでは,広島湾の水質環境改善がもはや負荷の削減のみでは立ちゆかなくなっているという認識のもと,海域での対策の必要性があげられ,もっとも費用対効果の高い対策を検討することとしている.

海域内部の問題として,底泥からの栄養塩溶出量がかなり大きいことがわかっており[14],局所的には覆砂や浚渫などの対策が必要かもしれない.また,これまでに埋め立てなどで縮小・消失した藻場や干潟の修復・再生も必要であろう.とくに広島湾北部海域の浅場の消失は著しい(図4・10).藻場や干潟については近年急速に研究が進んできており,例えば干潟については生物生息のために最適な粒度組成や有機物含量などについて明らかにされてきている[15,16].藻場についての定量的研究はまだ少ないが,魚類の産卵場であり,仔稚魚の保育場であることは明らかである.

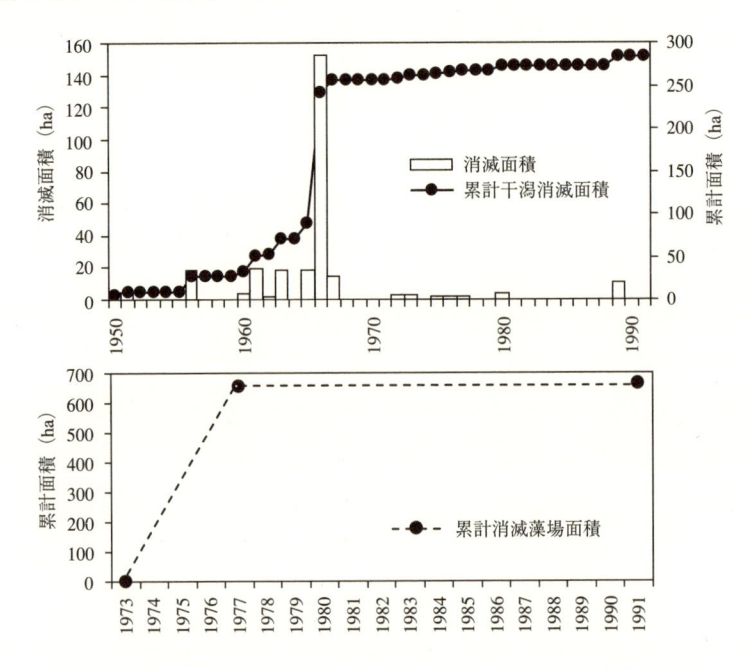

図4・10 広島湾における干潟・藻場消滅面積(上図)およびその累計面積(下図)の推移[18–21].

カキ筏にはカキ以外の生物が大量に付着する．付着した微細藻・大型藻類は栄養塩を吸収し，付着性動物はカキ同様，懸濁態有機物を濾過する．すなわちカキ筏は人工的な浮体藻場であると言える．このような見方から，松田・山本[17]は，カキ筏に付着する単位面積当たりの藻類量が天然藻場のものとほぼ同等であり，これにカキ養殖筏の総面積を乗じると広島湾の天然藻場の総藻類量よりも大きいと見積もっている．藻場がほとんど消滅してしまった北部海域において，カキ筏が藻場としての機能を果たしていることは広島湾生態系の保全にとって重要な意味をもつと思われる．

以上述べてきたように，広島湾生態系の保全・再生は1つの技術で達成されるものではない．さらに付け加えるならば，どのような広島湾を望むかということは人それぞれ異なるであろうから，多様な主体の参加による合意形成を進める作業も必要である．そのための議論と施策決定の科学的根拠として，精度の高い数値生態系モデルによる環境変動予測によってシナリオを描くことは必要不可欠なものとなってきている．この中で，広島湾のカキ養殖は規模の大きさからして，カキ養殖を組み入れない生態系モデルはあり得ず，また，生態系を保全しつつカキの持続的生産が如何に可能であるかという点は，計算のアウトプットとして最重要なものである．

文　献

1) 橋本俊也・松田　治・山本民次・米井好美：広島湾の海況特性－1989～1993年の変動と平均像－，広大生物生産学部紀要，33, 9-19 (1994).
2) 山本民次・石田愛美・清木　徹：太田川河川水中のリンおよび窒素濃度の長期変動－植物プランクトン種の変化を引き起こす主要因として，水産海洋研究，66, 102-109 (2002).
3) T. Yamamoto: Proposal of mesotrophication through nutrient discharge control for sustainable fisheries, *Fish. Sci.*, 68, 538-541 (2002).
4) 山本民次・橋本俊也：陸域からの物質流入負荷増大による沿岸海域の環境収容力の制御，養殖海域の環境収容力（古谷　研，岸　道郎，黒倉　寿，柳　哲雄編），恒星社厚生閣，2006, pp.101-118.
5) 山本民次・芳川　忍・橋本俊也・高杉由夫・松田　治：広島湾北部海域におけるエスチュアリー循環過程，沿岸海洋研究，37, 111-118 (2000).
6) T.Yamamoto, A. Kubo, T. Hashimoto, and Y. Nishii : Long-term changes in net ecosystem metabolism and net denitrification in the Ohta River estuary of northern Hiroshima-Bay–An analysys based on the phosphorus and nitrogen budget, "Progress in Aquatic Ecosystem Reserch" (ed. A. R. Burk), Nova Science

Publishers, Inc., 2005, pp. 123-143.
7) M. Kawamiya, M.J. Kishi, Y. Yamanaka, and N. Suginohara : An ecological - physical coupled model applied to Station Papa, *J. Oceanogr.*, 51, 635-664 (1995).
8) 橋本俊也・上田亜希子・山本民次：河口循環流が夏季の広島湾北部海域の生物生産に与える影響, 水産海洋研究, 70, 23-30 (2006).
9) P. Songsangjinda, O. Matsuda, T. Yamamoto, N. Rajendran, and H. Maeda : The role of suspended oyster culture on nitrogen cycle in Hiroshima Bay, *J. Oceanogr.*, 56, 223-231 (2000).
10) 山本民次・北村智顕・松田　治：瀬戸内海に対する河川流入による淡水, 全窒素および全リンの負荷, 広大生物生産学部紀要, 35, 81-104 (1996).
11) 中西　弘：瀬戸内海の水質汚濁, 山口産業医学年報, 22, 16-33 (1977).
12) 湯浅一郎：内湾の富栄養化に対する降雨の影響, 中工研研報, 12, 147-150 (1994).
13) 日本水産資源保護協会：水産用水基準 (2005年版), 2006, 95 pp.
14) 山本民次・松田　治・橋本俊也・妹背秀和・北村智顕：瀬戸内海底泥からの溶存無機態窒素およびリン溶出量の見積もり, 海の研究, 7, 151-158 (1998).
15) 西嶋　渉・中井智司・岡田光正・中野陽一：土壌の物理化学的性質に注目した干潟生態系の創出, 日水誌, 73, 341 (2007).
16) 国分秀樹・高山百合子・湯浅城之・石樋由香：英虞湾における干潟再生事例：浚渫土を用いた人工干潟の特徴と物質循環機能, 日水誌, 73, 341 (2007).
17) 松田　治・山本民次：バイオフィルターならびにバイオハビタート機能を評価したカキ養殖の新たな考え方, 第4回エメックス／第4回メッドコーストジョイント会議報告書（国際エメックスセンター編）, 2000, pp.108-109.
18) 広島県：第2回自然環境保全基礎調査, 干潟・藻場・サンゴ礁分布調査報告書, 1978.
19) 山口県：第2回自然環境保全基礎調査, 干潟・藻場・サンゴ礁分布調査報告書, 1978.
20) 環境庁自然保護局：第4回自然環境保全基礎調査, 海域生物環境調査報告書（干潟, 藻場, サンゴ礁調査）第1巻干潟, 1994.
21) 環境省：第4回自然環境保全基礎調査, 海域生物環境調査報告書（干潟, 藻場, サンゴ礁調査）第2巻藻場, 1994.

III. その他の海湾

5章 有明海・八代海の環境再生－熊本県のとりくみ

滝川 清[*1]・斉藤信一郎[*2]・園田吉弘[*3]

§1. 背景と目的

有明海・八代海では近年，海域環境が悪化しており，その一因として埋め立てや海岸線の人工化，干潟や水底への微細粒子の土の堆積などによる泥質化によって，干潟沿岸域がもつ水質浄化機能や，生物の生息・生育場としての機能低下が懸念されている．有明海・八代海の環境変化とそのメカニズムについては，様々な要素が複雑に関与しており，現象を科学的に解明した上で再生方策を検討するには長期的な取り組みが必要である．そのため，2006年12月に環境省の「有明海・八代海総合調査評価委員会」において各種の調査・研究成果[1]が取りまとめられたところである．しかしながら，具体的な再生方策に関する議論が十分ではなく，解明すべき課題も多く残されている状況にある．

このような中で，熊本県では，沿岸海域の再生方策などを取りまとめることを目的として，学識者および一般住民，漁業代表者で構成する「有明海・八代海干潟等沿岸海域再生検討委員会（委員長：滝川 清）」を2004年8月に設置し，2ヶ年度にわたって検討を行うとともに，既存データの収集などの各種調査，委員会委員と地元との意見交換会などを行ってきた．その一連のプロセスは，再生方策検討の実践的な手法としてあげられるとともに，有明海・八代海再生の県単位での総合的な取り組みとしては先駆的な試みであり，海域環境再生のための方策にむけた基本指針策定を目的としたものである．

本章では，これら熊本県での調査検討手法や再生方策取りまとめ[2]の経緯について紹介するとともに，その取り組みの中で得られた新たな知見や抽出され

[*1] 熊本大学沿岸域環境科学教育研究センター教授
[*2] 熊本県環境政策課
[*3] 熊本大学沿岸域環境科学教育研究センター特別事業研究員

§2. 取り組みの経緯
2・1 有明海・八代海における熊本県の位置づけ

図5・1に有明海・八代海における熊本県海域を示した．有明海・八代海沿岸には湾奥から時計回りに見て佐賀・福岡・熊本・鹿児島・長崎の5県が接しているが，このうち熊本県のみが有明・八代海の両海域を含む．さらに，その海岸延長距離を見た場合，有明海では湾奥に近い荒尾市から湾口の天草下島北端早崎瀬戸に至る海域の約半数，八代海では水俣市より以南，長島および獅子島

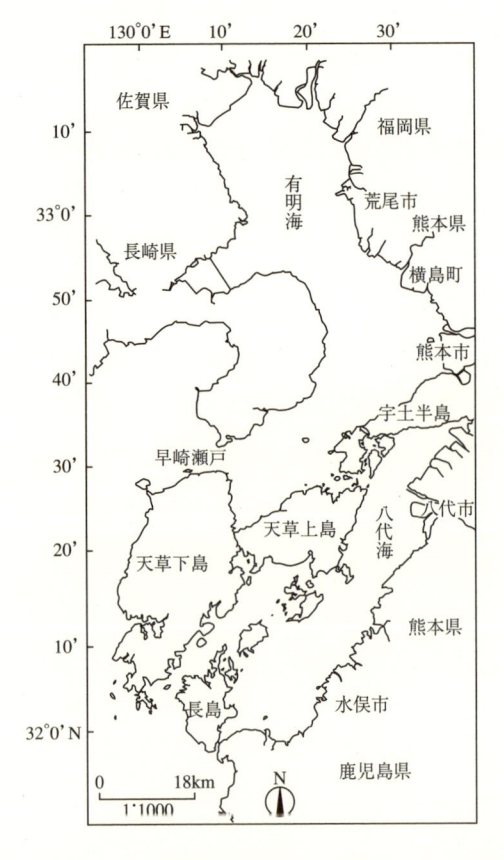

図5・1 有明海・八代海の地形と熊本県海域・有明海・八代海の現状と変遷

の鹿児島県海域を除いたほぼ全域と，熊本県は他県と比較し群を抜く海岸範囲をもつ．このように広範囲な沿岸域をもつため，熊本県では，人工化された海岸線や埋立地の割合も高いものの，泥質から砂質までの干潟域が全国的に見ても多く残存し，天草の島嶼部を中心に岩礁域や砂泥性藻場のアマモ場，岩礁性藻場のガラモ場など多様な海域環境や生物生息域が存在する．また，海岸の後背域も都市部や干拓農地，中山間部など様々であり，熊本県沿岸域は多様な地域特性を備えているのが特徴である．

2・2 熊本県委員会における検討フロー

委員会での検討フローは図5・2に示すとおりであり，各種調査結果や委員会での議論より，まず熊本県沿岸域の地域特性を把握・整理し，有明海および八代海ごとにゾーン区分を行った．次に，より具体的に再生方策を検討する上でケーススタディ地区を選定し，有明海全体と八代海全体（マスタープラン）および地区ごとに検討を進め，干潟など沿岸海域の再生に向けた基本理念や基本方針，再生方策などを示した「有明海・八代海干潟等沿岸海域の再生のあり方（提言）」が取りまとめられた．

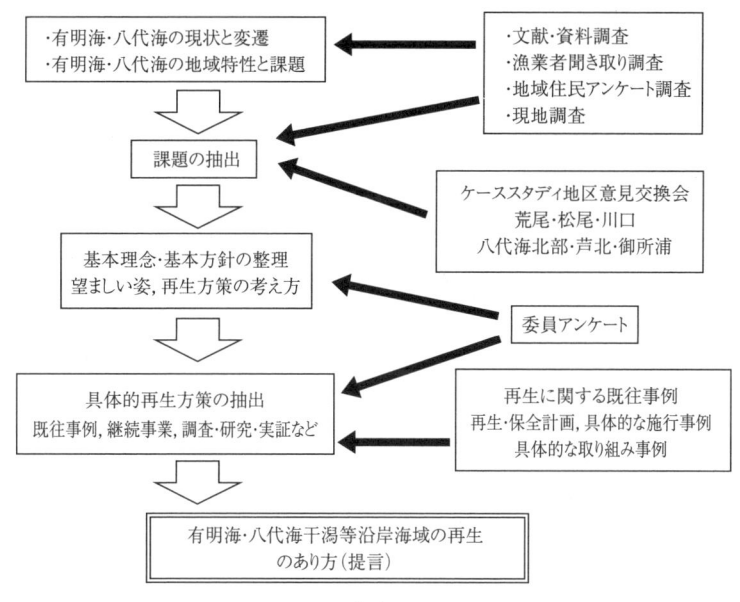

図5・2 検討のフロー

2・3 検討過程で行った調査の概要

再生方策を検討する過程で行った各種調査の概要は以下のとおりである．

1) 既存資料の収集整理

社会環境や自然環境など，多様な項目について資料の収集・整理を行い，現状および過去からの変遷（基本的に1950年以降）について整理を行った．

2) 聞き取り調査

既存資料では十分に整理できない項目について把握するため，熊本県の沿岸域漁業者を対象に聞き取り調査を行った．

3) アンケート調査

聞き取り調査は漁業者を対象に行ったが，漁業者だけでなく一般住民を含めた幅広い層の意見を収集するため，内水面漁業者・沿岸域住民，および一部の沿岸域漁業者にアンケート調査を行った．

4) 現地調査

海岸線の調査を行い，満潮時・干潮時の海岸前面の状況，護岸の状況，後背地の状況について記録し整理した．また，生態系の豊かさを表す指標となる塩生植物の分布状況を，一級河川の河口部を中心に調査した．

5) 干潟など沿岸海域の再生方策に関する事例や文献の収集整理

干潟など沿岸海域の再生に関して，全国各地で行われている再生の事例や再生に関する研究文献などについて収集・整理した．

6) ケーススタディ地区における意見交換会

具体的な再生方策を検討するに当たり，代表的な特徴をもつ6つの地区を選定し，地元の住民と委員が直接意見の交換を行った．

§3. 熊本県沿岸域の地域特性

取り組みの端緒として，既往資料や現地調査結果より熊本県沿岸域の地域特性を整理した．整理にあたっては有明海北部・同南部・天草有明・八代海北部・同南部・天草八代地域の6地域に区分することを基本とし，各種調査結果を取りまとめた．整理した資料は膨大であるため，以下には代表的な調査結果についてのみ示した．

3・1 有明海の干潟など沿岸海域の現状と変遷

1) 既存資料による漁獲量の変遷

農林統計資料より熊本県有明海の漁業生産のうち魚類および貝類漁獲量の変遷を図5・3ならびに5・4に示した．魚類の漁獲量は，有明海地域（北部・南部）では1970年以降経年的に上昇しているが，1987年をピークにそれ以降は大き

図5・3 魚類漁獲量の変遷（熊本県有明海）

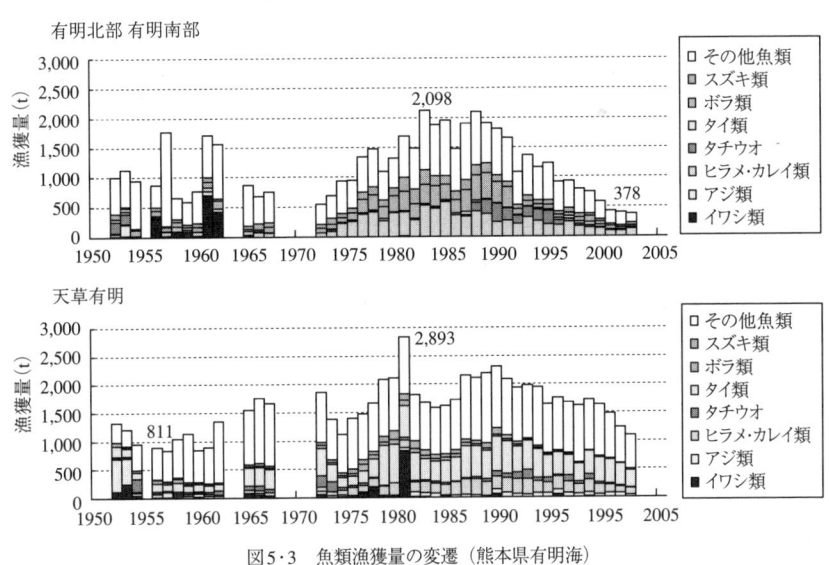

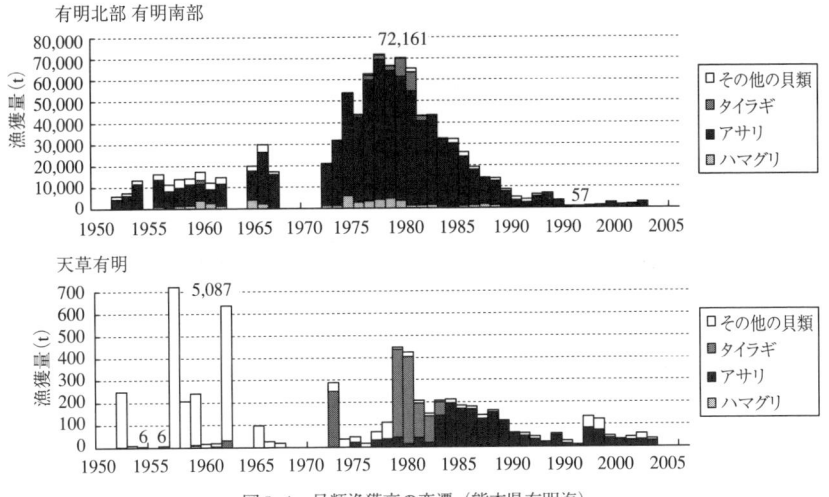

図5・4 貝類漁獲高の変遷（熊本県有明海）

く減少している．一方，天草有明地域では，1990年以降やや減少する傾向が見られるものの，有明海地域ほど大きな減少傾向は見られない（図5・3）．また貝類の漁獲量は，有明海域（北部・南部）において1977年をピークにアサリが大きく減少し，1995年以降，漁獲量は著しく少ない状態が続いている（図5・4）．

2）聞き取り・アンケート調査結果

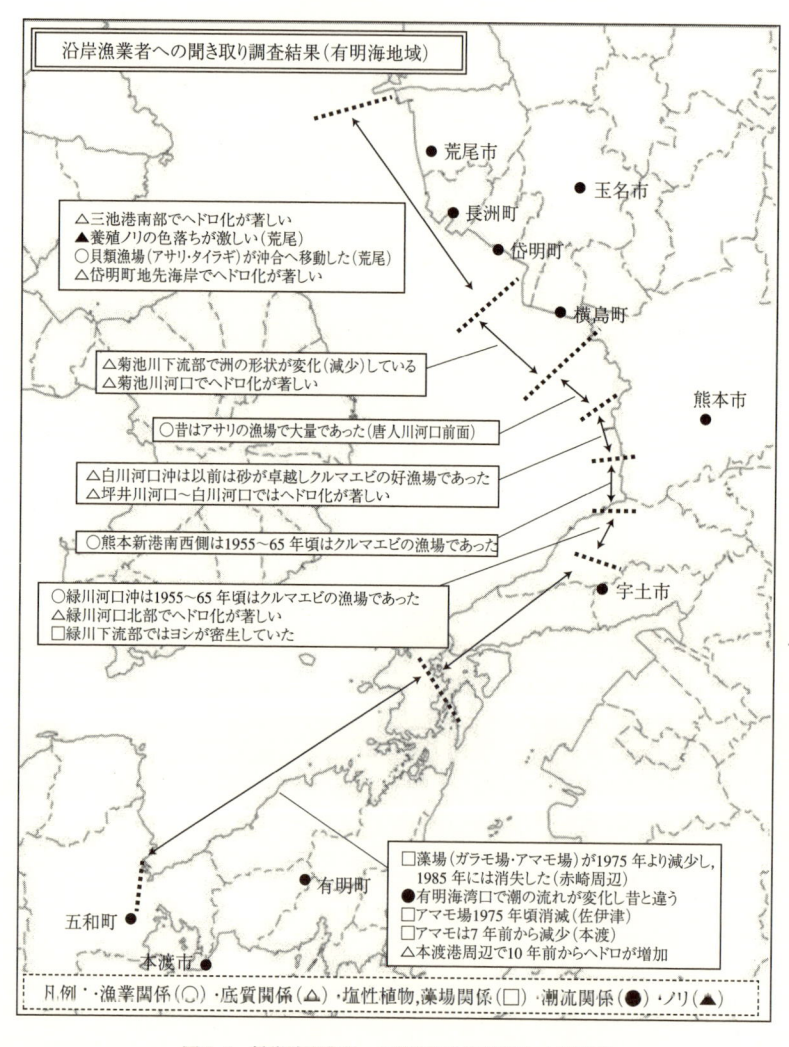

図5・5　沿岸域漁業者への聞き取り調査結果（有明海）

聞き取り調査結果の地域別概要を図5・5に示した．有明海北部地区の荒尾周辺では養殖ノリの色落ちや底質のヘドロ化などが，また有明海南部地区の白川河口～緑川河口にかけての熊本市地先周辺では底質のヘドロ化やクルマエビ漁場の衰退が，天草有明地区では藻場の衰退などがそれぞれ問題点としてあげられた．有明海全域にわたる地域住民や漁業者から，干潟・海辺の環境が悪化しているとの回答が得られた．

3) 海岸・塩生植物調査結果

海岸・塩生植物調査結果の概要は以下のとおりである．有明海北部地区の海岸では，荒尾市寄りは満潮時でも砂浜が比較的多いのに対し，横島町寄りでは満潮時の水際はほとんど人工護岸と接している状況となるなどの特徴が見られた．塩生植物は荒尾市寄りではほとんど見られないのに対し，横島町寄りでは菊池川河口中心にヨシ原や希少種が確認されているのも特徴であった．

有明海南部地区の海岸では，北部寄りの河内・松尾周辺では後背地に山林が多く一部自然海岸も存在するのに対し，白川河口から緑川河口にかける熊本市地先周辺の海岸部では，後背地が農地で満潮時水際は人工護岸となるほぼ一様な状況となっていた．ただし，塩生植物については，白川河口部と緑川河口部にはヨシ原が広がり希少種が存在するが，熊本新港周辺ではほとんど見られないなどの差が見られた．

3・2 八代海の干潟など沿岸海域の現状と変遷

1) 既存資料による変遷

農林統計資料より熊本県八代海の漁業生産のうち魚類の漁獲量および養殖生産量の変遷を図5・6ならびに5・7に示した．魚類の漁獲量は，八代海北部地域では1989年以降経年的に減少している．天草八代地域では，年による変動は大きいもののやはり1993年以降減少する傾向が見られる（図5・6）．また魚類養殖の総生産量は1995年をピークに近年減少傾向にある．減少の要因としては渦鞭毛藻赤潮被害などが考えられる．特に，養殖場ではコクロディニウムに代表される有害藻類の渦鞭毛藻赤潮による被害が大きな問題となっている（図5・7）．

2) 聞き取り・アンケート調査結果

聞き取り調査結果の地域別概要を図5・8に示した．八代海北部地域では底質

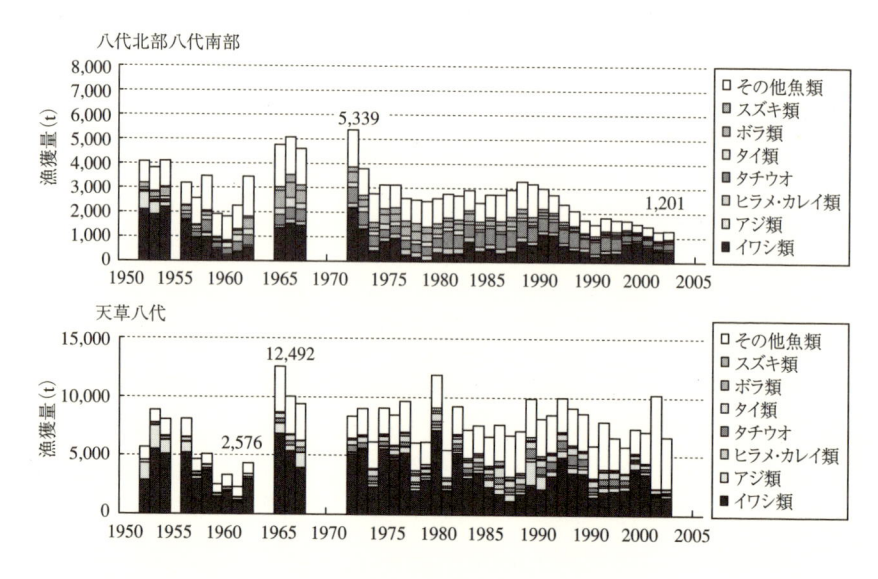

図5・6　魚類漁獲高の変遷（熊本県八代海）

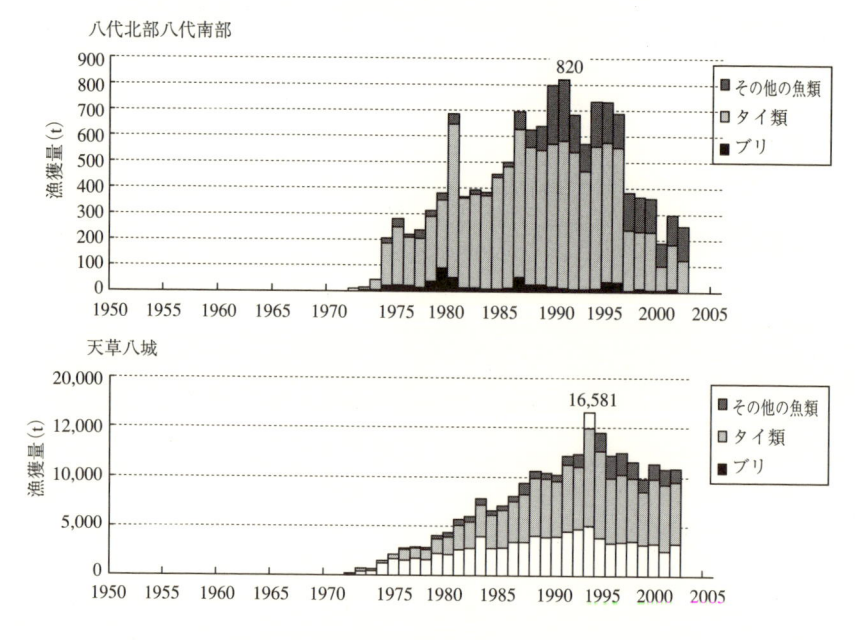

図5・7　魚類養殖生産量の変遷（熊本県八代海）

5章 有明海・八代海の環境再生－熊本県のとりくみ

沿岸漁業者への聞き取り調査結果（八代海地域）

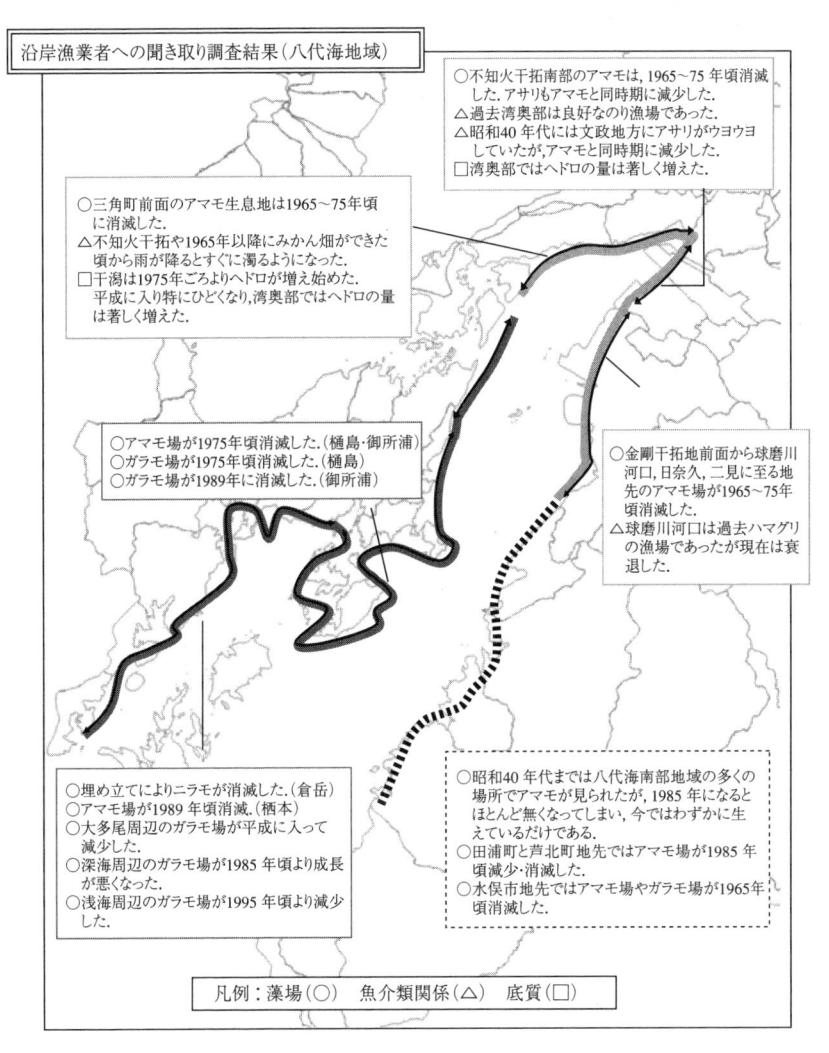

○不知火干拓南部のアマモは，1965～75年頃消滅した．アサリもアマモと同時期に減少した．
△過去湾奥部は良好なのり漁場であった．
△昭和40年代には文政地方にアサリがウヨウヨしていたが，アマモと同時期に減少した．
□湾奥部ではヘドロの量は著しく増えた．

○三角町前面のアマモ生息地は1965～75年頃に消滅した．
△不知火干拓や1965年以降にみかん畑ができた頃から雨が降るとすぐに濁るようになった．
□干潟は1975年ごろよりヘドロが増え始めた．平成に入り特にひどくなり，湾奥部ではヘドロの量は著しく増えた．

○アマモ場が1975年頃消滅した．（樋島・御所浦）
○ガラモ場が1975年頃消滅した．（樋島）
○ガラモ場が1989年に消滅した．（御所浦）

○金剛干拓地前面から球磨川河口，日奈久，二見に至る地先のアマモ場が1965～75年頃消滅した．
△球磨川河口は過去ハマグリの漁場であったが現在は衰退した．

○埋め立てによりニラモが消滅した．（倉岳）
○アマモ場が1989年頃消滅．（栖本）
○大多尾周辺のガラモ場が平成に入って減少した．
○深海周辺のガラモ場が1985年頃より成長が悪くなった．
○浅海周辺のガラモ場が1995年頃より減少した．

○昭和40年代までは八代海南部地域の多くの場所でアマモが見られたが，1985年になるとほとんど無くなってしまい，今ではわずかに生えているだけである．
○田浦町と芦北町地先ではアマモ場が1985年頃減少・消滅した．
○水俣市地先ではアマモ場やガラモ場が1965年頃消滅した．

凡例：藻場（○）　魚介類関係（△）　底質（□）

図5・8　沿岸域漁業者への聞き取り調査結果（八代海）

のヘドロ化やアマモ場の減少，またアサリの減少などが，八代海南部地域や天草八代地域ではアマモ場を含む藻場の減少がそれぞれ大きな問題点としてあげられた．八代海全域の地域住民や漁業者からは，海域や干潟環境が以前と比べて悪化しているとの回答が得られた．

3）海岸・塩生植物調査結果

　海岸・塩生植物調査結果の概要は次の通りである．八代海北部地域の海岸は，満潮時の水際線は人工護岸と接する状況を示すが，干潮時には泥質の干潟が広がる地域が多い．また，後背地は同じ八代海北部地域でも，宇土半島南岸沿いでは道路や山地となっているのに対し，湾奥の宇城市松橋から八代市の旧鏡町にかける対岸では農地が多いのが特徴である．塩生植物は，宇土半島南岸沿いにハマサジ・シオクグなどの希少な植物が局所的に分布している．八代北部地域でも八代市街近郊の海岸では干潮時は泥質干潟以外に砂質干潟も見られやや異なった様相を示す．後背地も市街地，工業地，農地など多様な状況となっている．また，球磨川河口部周辺では，塩生植物が希少種も含め八代海域で最も多く分布するのが特徴である．

　八代海南部地域の海岸では，満潮時の水際線は人工護岸と接する状況を示すが，北部地域と異なり，干潮時には砂干潟が見られる地域が多く，後背地は山地や道路が多いのが特徴である．塩生植物は，八代海北部と比較すると少ない傾向にある．

§4. 意見交換会の実施と課題の抽出
4・1　ケーススタディ地区の設定と意見交換会の実施

　既往資料に基づく地域特性と現地調査結果による地域特性を一覧表に整理し，これらと海岸域の性状をもとに有明・八代海地域をゾーン区分した．ケー

表5・1　選定されたケーススタディ地区

ケーススタディ地区		概　要
有明海	荒尾地区	有明海熊本県北部ゾーンにおける代表地区
	松尾地区	熊本周辺ゾーンにおける代表地区（主に白川・坪井川河口部）
	川口地区	熊本周辺ゾーンにおける代表地区（主に緑川河口部）
八代海	八代海北部沿岸域	八代熊本県北部ゾーン（宇土半島南岸～球磨川部）
	芦北地区	八代熊本県南部ゾーン
	御所浦地区	天草八代ゾーンにおける代表地区

ススタディ地区は，前述の既存資料整理結果や委員へのアンケート結果を元に，各地域の問題点，地元からの意見・要望を考慮し，有明・八代海の各ゾーンから，代表的な地区が選定された（表5・1）．これらの6地区において，2005年8月から11月にかけ意見交換会が開催された．

4・2 課題の抽出と整理

意見交換会や聞き取り調査結果から各地区における問題点を整理するために，各委員へアンケートを実施し（2005年12月〜2006年2月），以下の通り代表的な課題を抽出・整理した．

1）有明海・八代海共通の課題
①海水温上昇
②外洋の潮汐振幅の減少
③エルニーニョ・ラニーニャ，ダイポールモード現象，気象・気候の周期変動
④地球温暖化
⑤沿岸域開発に伴う塩性湿地やなぎさ線の消失
⑥漁港などの整備による埋め立てや防波堤の建設
⑦負荷削減対策の強化
⑧底質の泥化，泥の堆積，干潟など地形の平坦化
⑨浚渫泥の再利用に関する研究，技術の不足
⑩河川からの土砂供給の減少
⑪土砂収支管理
⑫底質悪化に伴うエビ・貝類の減少，生息場所の減少
⑬生態系や周辺環境に配慮した漁業管理，漁業従事者の意識改革
⑭環境悪化に対する共通認識と再生に向けての協働体制の確立
⑮陸域，海域を含めた総合管理
⑯一般住民，漁民，小・中・高校，マスコミなどを含めた環境教育，啓発活動の実施
⑰陸域からのゴミの流入による漁業への影響
⑱生活排水やゴミに対する住民の意識向上

2）有明海に特有な課題
①有明海の生産力とノリ養殖業とのバランスの必要性

②物質収支管理

③珪藻赤潮とノリとの栄養摂取の競合関係の十分な検討

3）八代海に特有な課題

①渦鞭毛藻，ラフィド藻赤潮の発生時期（周年化・長期化）や種組成の変化

②渦鞭毛藻，ラフィド藻赤潮の要因・原因解明と対策

③アマモ場，ガラモ場などの藻場の消失，減少に伴う魚介類の生息場所減少

§5．再生のあり方とマスタープラン（提言）

再生のあり方を含めたマスタープラン（提言）については，熊本県の以下のホームページ上で詳細に公開されている．

http://www.pref.kumamoto.jp/eco/saisei_plan/saiseikentou_1.htm

具体的内容についてはホームページを参照されると幸甚である．様々な資料，データや議論を経て，基本理念と基本方針を以下のように定めて共通の目標として掲げた．

【基本理念】干潟等沿岸海域において，歴史的変遷，自然的・社会的条件，現状の課題などといった地域特性と，有明海・八代海それぞれの海域全体の調和を踏まえた「望ましい姿」を念頭に置きながら，県，市町村，漁業者，地域住民をはじめとする県民，国，関係県が連携・協力し，有明海・八代海を「豊かな海」として再生し，後代の国民に継承する．

【基本方針】上記の基本理念に基づく干潟等沿岸海域の再生・保全に向けた基本方針は，次のとおりとする．①漁業対象の生き物を含む多様で豊かな生態系の回復・維持．②「山」・「川」・「海」の連続性と，「保全」・「利用」・「防災」の調和についての配慮．③再生・保全の主体となる関係者間の相互の「理解」と「合意形成」および積極的参加．

以下に提言がとりまとめられる過程の議論の中で視点となった事項を示した．

5・1 基本理念・基本方針における視点

海域環境において水質浄化機能を有し生物生息・生育の場として重要な役割を担う干潟など沿岸海域の再生・保全を通して，有明海・八代海を「豊かな海」として再生していくためには，漁業対象の生き物を含む多様で豊かな生態系を

回復・維持させるという考え方が必要である.

　また，陸域の森林や平野部での降雨が河川，地下水などを通じて海域に流入し流況や塩分濃度に変化を与えていること，同時に窒素やリンなどの栄養塩を供給することや，砂干潟の維持には欠かせない砂分を供給していることを考えると，森林の荒廃や河川環境の悪化は海域環境に悪影響をもたらすものである.特に，有明海・八代海のような閉鎖度の高い海域ではこのような健全な物質循環の観点が重要であることから，「山」・「川」・「海」の連続性について十分な理解と配慮がなされた施策が展開されるべきである．併せて，沿岸環境のもつ3つの重要な視点，生物の生息・生育環境，良好な海岸景観などの自然環境の「保全」，漁業，海運，レジャー，観光などの人間の生業，利便のための「利用」，台風・高潮・洪水などの不時の天災に対する「防災」については，各要素の調和のとれた施策が必要である．さらに，具体の施策に関しては様々な主体の行動や費用の負担が必要であり，相互の「理解」に基づいた「合意形成」を図っていくことが重要である．このためには，広く県民が海域に関心をもち，"海域はみんなの財産，みんなが大切にする"という意識の下で，県，市町村，漁業者，地域住民が，それぞれの役割を分担し，再生に向けた取り組みに積極的に参加することが望まれる．また，両海域は複数県に跨ることから熊本県と国や関係県との連携強化が必要である．以上のことを踏まえて，干潟など沿岸海域の再生・保全に向けた基本理念と基本方針が定められた．

5・2　有明海・八代海全体の望ましい姿と再生方策の視点

　有明海・八代海沿岸の各地域に共通し，かつ広域的な視点で取り組む必要のある主要な課題について再生方策を検討した．

　海域全体の望ましい姿としては，今回の調査結果・基本理念・基本方針を踏まえ，究極の再生目標である「豊かな海」のイメージに繋がる，多様で豊かな生態系の回復を基調とし，人と海との関わりについての目標を設定した．再生策については，課題の項目ごとに対応して設定したうえで，具体の事例を示している．

5・3　再生方策推進のための方法

　委員会では再生方策の推進に当たっては，まず漁業者を含む地域住民・関係団体・市町村・県・研究機関などの関係者による協議の場が必要であり，関係

者においては，有明海・八代海が国民共通の財産であることを理解した上で，地域の特性も踏まえ，その立場に応じた役割と責任を担うため，積極的な参加が望まれると提言した．また再生方策の実施に当たっては，協議の場における構成者間での合意に基づいた目標像（望ましい姿）の設定と共有が必要であるとして，目標像の設定から再生方策の実施の各段階で，地域住民や関係者が関心をもって，参加・協力することにより，地域特性を深く理解できるとともに，よりよい再生方策の効果が期待できると合意形成のステップについても言及している．また，再生方策の留意点も議論されたが，その概要を以下に示す．

①各地域や個別に行われる再生方策が海域全体としてのバランスを考慮した方策であることが重要で，この視点がトータルの質を高めることになる．
②対症療法，長期的取組み，広域連携的取組み，原因解明の研究，県民の意識改革・環境教育などのソフト対策を適切に組み合わせて，地域特性や課題に応じた再生方策の効果的な再生方策を追及すること．
③科学的合理性の追及が政策の遅れや，社会的合理性との乖離を招かないようにするとともに，乖離が見られる場合には，住民参加と社会的合意形成により回避・克服する．
④再生の取組みの進行状況を県民および関係者により組織される第三者により定期的に評価するなど，再生方策の評価システムを導入すること．
⑤再生方策の実施に当たっては，地域において中心となるリーダーの育成を推進する．
⑥方策の実行性を担保するため，必要に応じて法や条例，制度などの仕組みについて，見直しなどを検討する．

§6. 主要な結果と課題
6・1 まとめと主要な結論

以上，熊本県の取り組みについて紹介したが，熊本県は広大な沿岸域をもち地域特性も多様である．一方，有明・八代海といった広範囲な海域の中で共通する課題も多い．そのような中で再生に向けた施策を展開するには，沿岸域をゾーニングによって類型化し，代表地区を選定しながら課題を抽出し，再生方策を検討する今回のプロセスが非常に有効であると考えられる．

今回実施した調査の中で新規に用いた手法としては，沿岸域の特性を海岸域の性状で区分したことや科学的データが不足する部分を聞き取り調査で補足したことがあげられる．海岸域性状区分に関しては，干潟域が残存するものの，開発に伴う海岸線の護岸化により「なぎさ線」が消失し，沿岸部の生物生息域や浄化の場としての機能が低下している現状に着目した手法で，「なぎさ線の回復」である．これは，直立壁などで人工化された海岸の前面に緩勾配のなぎさ線を造成して，地形の連続性を作ることによって生態系の連続性を創出するものである．この「なぎさ線の回復」手法は，文部科学省重要課題解決型研究「有明海生物生息環境の俯瞰的再生と実証試験〜なぎさ線の回復技術〜」[3]の研究で現地での実証試験が進められており，今後雨水などの陸水の滲出状況の調査と合わせ発展が期待される．

聞き取り調査では，科学的データが存在しない過去の藻場の分布消長状況が明らかとなった．とくに，八代海北部のアマモ場は昭和40年代初めには球磨川河口部を中心に広く分布していたが，環境庁の初の全国調査[4]が実施された1978年頃には既に衰退・消失した状態であったことが，複数の地域における漁業者の証言からほぼ確実となった．熊本県のアマモ場の消失原因については現状では明らかでないが，戦後，沈水植物群落の劇的な衰退が日本各地で生じたことが，平塚ら[5]の聞き取りによって明らかにされている．熊本県も含めこれらの聞き取りでは，陸域におけるダム・堰の建設，河川改修や砂利採取，地下水の取水などの開発行為，また海域における干拓・埋め立て，河口堰建設，海岸整備事業，砂利採取などの開発行為，さらに魚類養殖・ノリ養殖負荷など衰退要因に関する指摘も多くあり，今後，再生に向けた方策を考える上で聞き取り調査は有力なツールとなるであろう．

6・2 問題点と課題

今回策定したマスタープランについては，マクロ的なプランであり，今後個別の詳細については地区ごとに問題を掘り下げるなどの検討を要する．また，責任の明確化，役割分担についての関係者の合意など策定したプランを実行に結びつける方法も課題である．今後，モニタリングなどのデータの公表や清掃活動などの地域住民参加型の取組みを継続し，住民意識の醸成を図りながら，議論を深めていく作業が必要である．再生に向けた基本理念・方針，望ましい

姿などは，本来は地域住民など関係者の理解と合意のもとに決定されるべきであることが指摘されており，委員会報告を活かしながら住民参加を図る努力が必要である．

聞き取り調査の妥当性の検証も大きな課題である．証言の中には記憶違いや思い込みといった要素が含まれる．別々の地区に生活する複数の住民から同様な証言が得られた場合，確度はかなり高くなるが，証言数が少ない場合，重要な情報が隠されていたとしても妥当性の検証が困難である．また，実際に生じた現象を把握できても，その現象が生じたメカニズムの解明までは難しい．地域住民などからの意見聴取を行う場合，異なる空間や時間で論じたり，聴く側の理解が足らず，誤った理解をしたりする可能性もある．さらに地元住民の間でも関心の度合いや把握の状況は異なることを前提とした検証が必要である．

6・3 今後の応用展開について

この提言を受け，熊本県は今後，施策の調整・検討を行いながらケーススタディ地区のフォローアップなど具体的な取り組みに努めていくこととしている．過去の環境変遷に関する熊本県の聞き取り調査成果は，文部科学省重要課題解決型研究「有明海生物生息環境の俯瞰的再生と実証試験－生物生息環境の歴史的変動特性－」の研究[6]に取り入れられ，福岡・佐賀・長崎の3県の聞き取りと合わせ取りまとめが行われている．また，NPO有明海再生機構による佐賀県の漁業者に対するヒヤリング調査[7]でも熊本県の調査と同様な手法で調査が実施されている．これらの研究・調査の積み重ねにより過去の状況を含め有明海の環境変化が今後明らかになっていくことが期待される．

謝　辞

熊本県の提言の取りまとめにあたって，聞き取り調査や意見交換会に参加・協力いただいた熊本県の漁業者や地域住民の方々，2ヶ年にわたる委員会に精力的に参加いただいた委員会委員の方々，その他の関係者に対し厚く御礼申し上げます．とくに各種の調査や会合などの手配に尽力された関係組合・市町村の事務の方々を初め，多くの方々の協力なしには提言の取りまとめは不可能でした．重ねて御礼申し上げます．

文　献

1) 環境省：委員会報告, 環境省有明・八代海総合評価委員会, 2006, 85pp.
2) 熊本県：委員会報告書〜有明海・八代海干潟等沿岸海域の再生に向けて〜, 有明海・八代海干潟等沿岸海域再生検討委員会, 2006, 353pp.
3) 滝川　清・増田龍哉：なぎさ線の回復技術, 文部科学省重要課題解決型研究　有明海生物生息環境の俯瞰型再生と実証試験パンフレット, 同事務局, 2006, 27pp.
4) 熊本県：環境庁委託第2回自然環境保全基礎調査干潟・藻場・サンゴ礁分布調査報告書, 1978, 538 pp.
5) 平塚純一・山室真澄・石飛　裕：里湖モク採り物語50年前の水面下の世界, 生物研究社, 2006, 144 pp.
6) 滝川　清・園田吉弘：生物生息環境の歴史的変動特性, 文部科学省重要課題解決型研究　有明海生物生息環境の俯瞰型再生と実証試験パンフレット, 同事務局, 2006, 9pp.
7) NPO法人有明海再生機構：18年度再生機構の活動状況, ABRO, 第3号, 2007, 4pp.

6章　有明海泥質干潟に対する浮遊系
－底生系結合生態系モデルの適用

中野拓治[*1]・安岡澄人[*2]・畑　恭子[*3]・中田喜三郎[*4]

　生態系モデルは，干潟域の生態系の有する機能を理解し，物質循環を定量的に評価するために有効な手法であることが近年認識されつつある[1]．わが国においても，生態系モデルの構築とその適用例が増えつつあるが，これらは主に砂質干潟域を対象としたものが中心で[2-7]，泥質干潟域を対象とした生態系モデルの適用例はほとんどみられていない．一方，有明海はその大部分が泥質の干潟・浅海域となっている．この泥質の干潟・浅海域は，砂質域とは異なった生態系で，物理・化学的特性をもつ海域であることから，砂質干潟域を対象として構築された生態系モデルをそのまま適用して，物質循環を再現することは困難である．

　そこで本章では，このような状況を踏まえ，同海域を対象として，現地調査や室内試験を通じて得られたデータなどを基に，泥質干潟と浅海域の物質循環の特性を考慮した浮遊系－底生系結合生態系モデルを構築し，有明海の泥質干潟・浅海域での窒素・リン循環を定量化するとともに，水質浄化機能の推定を行った．ここでは，九州農政局[8]と安岡ら[9]の調査・研究成果をもとに，窒素循環に係る定量化の取り組みを中心に紹介する．

§1. 対象領域

　有明海は，面積1,700 km^2，平均水深約20 mの地形的閉鎖性の高い浅海域である．有明海は，干潮差が大きいことでも知られており，湾奥では大潮時には5～6 mにも達する．また，湾内には日本で2番目に広い潮汐干潟（面積：約200 km^2）が存在している．

[*1] 農林水産省東北農政局
[*2] 農林水産省生産局
[*3] いであ株式会社
[*3] 東海大学海洋学部

6章　有明海泥質干潟に対する浮遊系－底生系結合生態系モデルの適用　87

　有明海では，近年，海域環境の変化が指摘されており，その原因の解明と有明海の再生に向けた取り組みが急務となっている．その一環として，有明海の干潟の生態系や物質循環，水質浄化機能について科学的な知見を深め，海域環境における干潟域の役割をできるだけ定量的に評価し，効果的な対策に結びつけることが求められている．

　ここでは，有明海に存在する干潟のうち，湾奥西部の泥質干潟・浅海域を対象として生態系モデルを構築した（図6・1A）．対象領域は，塩田川および鹿島川の河口干潟とそれを取り囲む浅海域からなっている（図6・1B）．この海域は，ノリ養殖と採貝に盛んに利用されており，河口域にカキ礁が広がっているとともに，晩秋から早春にかけて河口域と領域面積の約50％を占める水深の浅い場所（およそ21 km^2）でノリ養殖が行われている．

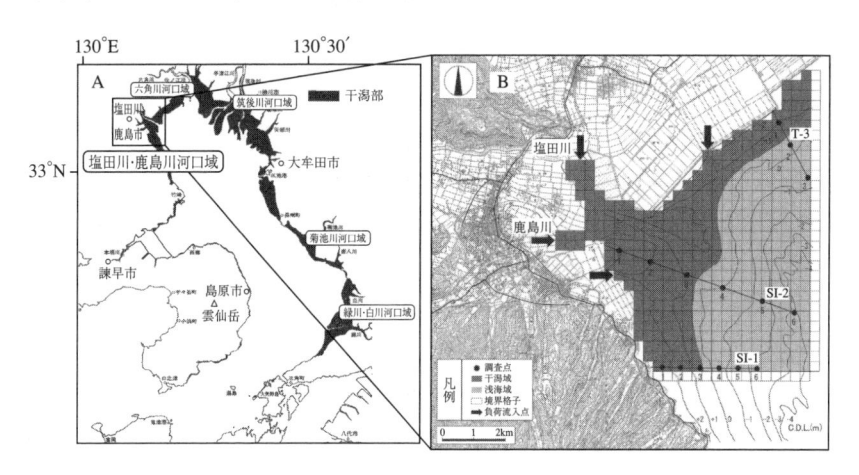

図6・1　対象領域

§2．モデルの概要

　本生態系モデルは，水中（浮遊系）の生態系と底泥中（底生系）の生態系を相互に結合させた数値モデルであり，生態系を構成する様々な生物と非生物を機能などでグループ化し，それらの相互作用を主に食物連鎖などに基づいて数式化したうえで，生体元素である炭素，窒素およびリンを指標として生物などの現存量や物質循環量を算出するものである（図6・2）．

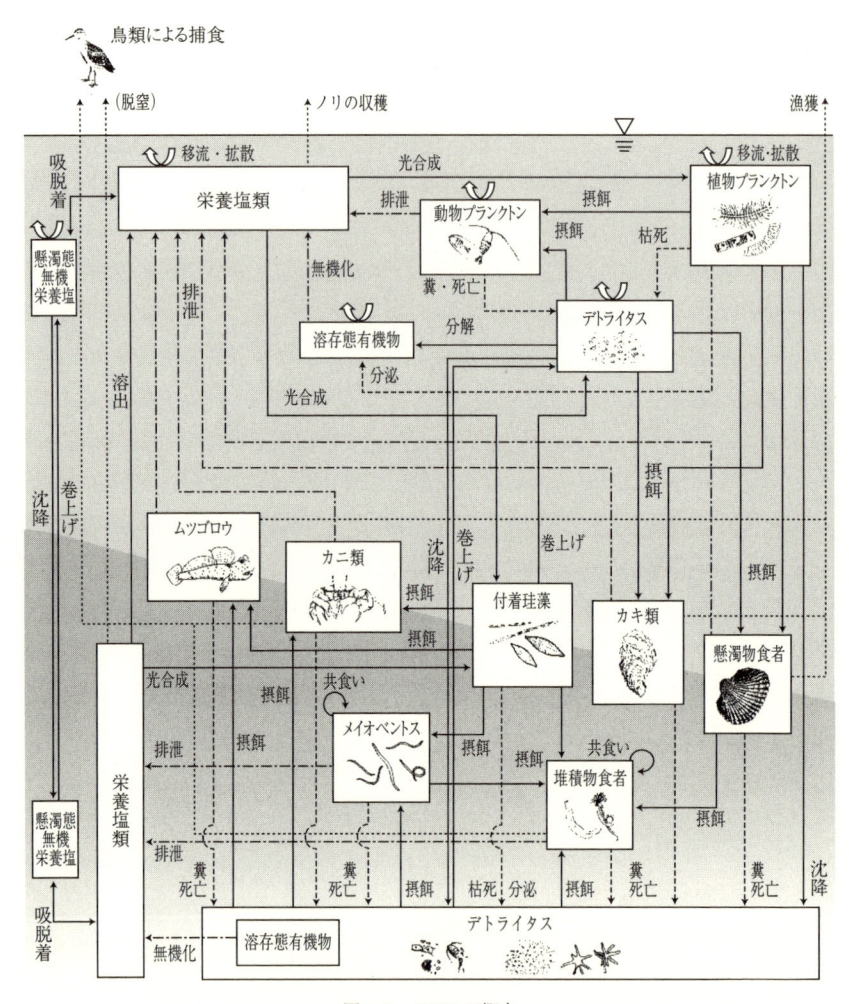

図6・2 モデルの概念

　モデルの構築においては，砂質干潟を対象とした既存の干潟生態系モデル[10]を基に，泥質干潟域に適用する生態系モデルとして，次のような特徴を考慮してモデル化を図った．なお，その構築にあたっては，2001年4月～2002年3月にかけて，図6・1Bの測線（SI-1, SI-2, T-3）で水質，プランクトン，底質，底生生物などの季節別データを取得したほか（表6・1），モデルのパラメータ設定のため，現地調査や二枚貝の代謝速度実験，現地の底泥サンプルを用いた

表6・1 測線調査の概要

項目	試料の採取方法	調査項目など
水質	海面下0.5mと海底上1.0mの2層で採水	塩分，pH，溶存酸素（DO），栄養塩類，浮遊物質量（SS），クロロフィルa，有機物など
プランクトン	海面下0.5mと海底上1.0mの2層で採水して混合 なお，動物プランクトンに関しては，ネット法も用いて採取	植物・動物プランクトン（出現種，種類数，個体数，細胞数など）
底質など	底泥をアクリルコアで採取（表層から0～5cmと20～30cmの2層に分取）	底質（含水率，強熱減量，クロロフィルa，硫化物，酸化還元電位，TOC,栄養塩など） 間隙水（D-TN，NO_2-N，D-TP,DOP, DOC, DON，NO_3-N，NH_4-N，PO_4-Pなど）
底生生物	底泥をアクリルコアで採取	マクロベントス，メイオベントス，付着藻類など（出現種，個体数など）

脱窒速度試験などを行った[11, 12]．

2・1 構成要素

底生生物に係る現地調査結果を考慮に入れて，堆積物食者をヤマトオサガニ，ムツゴロウ，その他ゴカイなどの3つの構成要素に分けてモデル化した．また，リン循環に関しては，水中で土粒子などの懸濁物に無機態リンが吸着し，懸濁物とともに沈降して底泥に移行する過程が重要と考えられたため，懸濁態無機リンについても考慮した．なお,モデルの基本式は（1）式に示すとおりであり，水平・鉛直方向の移流項，拡散項とそれらを除く生成・消滅項から構成されている．

生成・消滅項の例として，浮遊系で植物プランクトン，底生系では懸濁物食者を示すが，詳細については安岡ら[9]による報告を参照されたい．

$$\frac{\partial}{\partial t}(h \cdot S) = \underbrace{-\left(u\frac{\partial}{\partial x}(h \cdot S) + v\frac{\partial}{\partial y}(h \cdot S) + w\frac{\partial}{\partial z}(h \cdot S)\right)}_{\text{移流項}} + \underbrace{\frac{\partial}{\partial x}\left(K_x \cdot h \cdot \frac{\partial S}{\partial x}\right) + \frac{\partial}{\partial y}\left(K_y \cdot h \cdot \frac{\partial S}{\partial y}\right) + \frac{\partial}{\partial z}\left(K_z \cdot h \cdot \frac{\partial S}{\partial z}\right)}_{\text{拡散項}} + \underbrace{\left(\frac{\partial}{\partial t}(h \cdot S)\right)}_{\text{生成・消滅項}}$$

 …… (1)

ここで，　S　　　　：各構成要素の物質濃度（g / m³）
　　　　　h　　　　：層厚（m）
　　　　　x, y, z　：x, yは右手系の直交座標軸，zは鉛直上向きを正
　　　　　u, v, w　：x, y, z方向の流速成分（m / 秒）

K_x, K_y, K_z ：x, y, z 方向の渦拡散係数（m²/秒）

$(-\frac{\partial}{\partial t}(h \cdot S))$ ：生成・消滅項

【浮遊系】

植物プランクトンに係る構成式は（2）式に示すとおりである．

$$\frac{dPPHY}{dt}＝光合成－呼吸－細胞外分泌－枯死－沈降－被食（動物プランクトン，懸濁物食者）$$

…… (2)

ここで，$PPHY$：植物プランクトン

なお，植物プランクトンに関する主なモデル式を表6・2にまとめた．

表6・2　植物プランクトンに関する主なモデル式

物質循環過程	主なモデル式
光合成	光合成速度（PP_1）は，水温（T），光量（I），栄養塩（N, P）に依存するものとしてモデル化 $PP_1 = \mu\max_{pphy} \cdot f(T) \cdot f(I) \cdot f(N, P)$ $\mu\max_{pphy}$：最大光合成速度（18℃，1.8 [/日]） $f(T) = \exp(\theta_{pphy}(T-18)^2)$, θ_{pphy}：温度係数（-0.004 [$-$]） $f(I) = \frac{I_L}{Iopt_{pphy}} \cdot \exp(1 - \frac{I_L}{Iopt_{pphy}})$ $Iopt_{pphy}$：最適光量（923 [μE/m²/秒]），I_L：第L層での平均光量 ここで，第L層の光量は，SSとクロロフィルa（Chl-a）濃度に応じて，第L層の上端（h_1）から下端（h_2）にかけて光量減が生じると仮定して設定 $I_{h2} = I_{h1} \cdot \exp(-k \cdot (h_2 - h_1))$ k（消散係数/m）$= 0.06147 \cdot (SS) + 0.00930 \cdot (Chl$-$a) + 0.3180$ $f(N, P)$（栄養塩依存項）については，半飽和型の関数を適用
呼吸	呼吸速度（PP_3）は，水温（T）に依存するものとしてモデル化 $PP_3 = RESPpphy \cdot \exp(Q10Rpphy \cdot (T-20))$ $RESPpphy$：呼吸速度（20℃，0.01 [/日]） $Q10Rpphy$：温度係数（0.0693 [$-$]）
細胞外分泌	細胞外分泌速度（PP_2）は，光合成量に対して一定の割合が細胞外分泌するものとして設定 $PP_2 = EXCpphy \cdot PP_1$, $EXCpphy$：細胞外分泌係数（0.12 [$-$]）
枯死	枯死速度（PP_4）は，水温（T）に依存するものとしてモデル化 $PP_4 = MORTpphy \cdot \exp(Q10Mpphy) \cdot (T-20)$ $MORTpphy$：枯死速度（20℃，0.0125 [/日]） $Q10Mpphy$：温度係数（0.0693 [$-$]）
沈降	沈降速度（PP_5）は，一定値（$SINKpphy$）として設定（0.1 [m/日]）

【底生系】

対象領域内においては，湿重量でみるとカキとサルボウが代表的な懸濁物食者と考えられるが，両者には濾水速度に差があることから，「カキ類」と「サルボウなどのその他の懸濁物食者」の2つに区別して取り扱った．カキ類以外の懸濁物食者は，室内試験で得られたデータなどに基づき定式化とパラメータの設定を行った．カキ類以外の懸濁物食者に係る構成式は（3）式に示すとおりである．

$$\frac{dBSF}{dt} = 摂餌（動物プランクトン，懸濁態有機物）-呼吸・排泄-排糞-死亡-漁獲$$
$$-被食（堆積物食者） \quad\quad\quad \cdots\cdots (3)$$

ここで，BSF：カキ類以外の懸濁物食者

なお，カキ類以外の懸濁物食者の摂餌に関するモデル式を表6・3にまとめた．

表6・3 カキ類以外の懸濁物食者の摂餌に関するモデル式

物質循環過程	モデル式
摂餌	室内試験結果に基づき，摂食速度（BS_1）が餌濃度（$CONC$），温度（T）などに依存する現象をモデル化 $BS_1 = V_{bsf} \cdot f(T) \cdot f(CONC) \cdot f(BSF)$ V_{bsf}（基準濾水速度）は，個体サイズと濾水速度の関係と観測個体の平均サイズを参考に設定（25℃，0.000041 [m³/gC/時]） 温度依存項（$f(T)$）は，サルボウの温度と濾水速度の関係を基に25℃を境に温度係数（$Q10Gbsf$）は異なった値を設定 $f(T) = \exp(Q10Gbsf \cdot (T-25))$ 　$Q10Gbsf$：温度係数（0.09（T＜25℃＜T）-0.02 [-]） 餌料濃度依存項（$f(CONC)$）は，サルボウの餌料濃度と濾水速度の関係を基に設定 $f(CONC) = \exp(Q10CONCbsf \cdot (CONC - 0.536))$ 　$Q10CONCbsf$：濃度係数（-1.1（CONC＜0.536mg/l＜CONC）-0.3 [-]） $f(BSF)$：懸濁物食者の密度依存項 $f(BSF) = \dfrac{BSF}{BSF + Kbsf}$，$Kbsf$：半飽和定数（1～200 [gC/m²]）

2・2 底泥の巻上げ・沈降

対象領域では，粘土・シルト分の占める割合が表層5cmで93.8～99.7％であり，含水率も平均71.7％であることに加えて，大きな潮位差のために，底泥は巻上げ・沈降を繰り返している．このため，潮時により水中のSS濃度と

透明度が大きく変化し，植物プランクトンの光合成などに影響するほか，懸濁物への吸着・凝集が生じ，巻上げ・沈降に伴って吸着態物質の底泥への移行や水中への再懸濁などが行われているものと考えられる．

そこで，モデル化に際しては，主に潮汐流の速度に起因する底泥の巻上げ・沈降を考慮した．また，懸濁物の影響として，一次生産に対する光透過率の減少と無機態リンの吸着，有機態窒素・リンの凝集，懸濁物に伴う巻上げ・沈降についても考慮した．

2・3 酸化層と還元層の形成

酸化層と還元層の形成は，底質内での様々な反応速度や生物活性に影響を与えていると考えられる．現地調査結果において，酸化層が底泥表面からわずかな範囲に止まり，表面近くから還元層が形成しているとともに，酸化還元電位の鉛直構造は季節的に変化していることが確認された．このため，間隙水中の溶存酸素についても構成要素として計算し，酸化層と還元層の形成やその層厚の季節変化の再現を図った．さらに，硝化，脱窒，吸脱着に関して，間隙水中の溶存酸素濃度による影響を検討するとともに，有機物の分解活性についても好気分解と嫌気分解を考慮した．

§3. 計算領域と計算条件など

3・1 計算領域

計算領域は，図6・1Bに示すように300 m×300 mの正方格子に分割した．また，各格子は構成要素の鉛直分布を再現するために，浮遊系・底生系ともに鉛直多層とした．浮遊系は第1層を3.5 m厚とし，それ以深の各層は1 mごとに分割した．底生系は底泥表面から30 cm深までを6層に分割し，層厚はそれぞれ0～1 cm，1～2 cm，2～3 cm，3～5 cm，5～10 cm，および10～30 cmとした．

3・2 計算期間

計算期間は，2002年4月～2003年3月の1年間とした．なお，計算タイムステップは300秒に設定した．

3・3 計算条件

1）流動条件

流動場を与えるため，「有明海海域環境調査」[13)]において構築されたネスティングを活用したレベルモデルを用いて，有明海全域を対象とした計算を行った．具体的な格子設定は，図6·1Bに示す生態系モデルの計算対象領域である塩田川・鹿島川の河口域300 m格子に分割するとともに，有明海全域を900 m格子，さらにその外側に2,700 m格子の大領域を設けて，3領域を同時に計算した．流動計算結果から，各格子，各層の30分積算流量，水温・塩分の30分平均値を作成し，流動条件とした．

2) 境界・初期条件

境界条件は，計算領域の海域側境界格子（図6·1Bの白抜き格子）に，近傍の公共用水域・浅海定線調査結果と現地調査結果を線形に補間して日々の水質を推定した後，移動平均によって平滑化して境界水質濃度を設定した．また，初期値の設定には，主に2002年5月の現地調査結果と2002年4月の公共用水域・浅海定線調査結果を用いた．

3) 気象条件

日射条件は，地上気象実況報の全天日射量の1時間値を用いた．

4) 負荷条件など

陸域からの流入負荷のうち，塩田川からの負荷量については，塩田川の順流最末端の水質基点での水位データに基づいて流量を算出し，通常時・洪水時のL-Q式から流出負荷量を求めた．河川感潮域と直接流入域については，フレームと負荷量原単位をかけ合わせる原単位法によって算定した．また，鹿島川流域やこれらの流域に含まれない地域は直接流入域として扱い，流出負荷は鹿島川河口と近傍の樋門から流出するものとして設定した（図6·1Bの矢印）．

一方，漁獲による系外持ち出し量については，漁獲量や共販実績と区画漁業権図から対象領域における漁獲量を推定し，漁期中の日平均値として対象格子に設定した．また，ノリ養殖における窒素肥料の投入についても，ノリ漁区に相当する格子に設定した．さらに，鳥類の採餌に伴う系外への持ち出し量に関しては，対象領域内で行われた鳥類出現数調査結果と基礎代謝量から設定した．

§4．モデルの再現性の検討

図6·3A～F（カラー口絵）に調査測線SI-2の各測点における浮遊系計算項

目の観測値と計算結果の比較を示した．植物プランクトンは，赤潮が原因と考えられる2003年1月の高い値を除くと計算結果は観測値と近似した結果を示している（図6・3A）．構築モデルは，1年間の平均的な物質循環を再現することを目的としているため，この短期的なイベントである1月の赤潮を再現するためのパラメータなどのチューニングは行っていない．栄養塩類については，細かい変動は完全には再現できていないものの，岸沖方向や1年間を通じての変化傾向は概ね再現された（図6・3D〜F）．SSについては，観測値が1日の中でも比較的濃度が低い満潮時のデータであることから日平均値で示している計

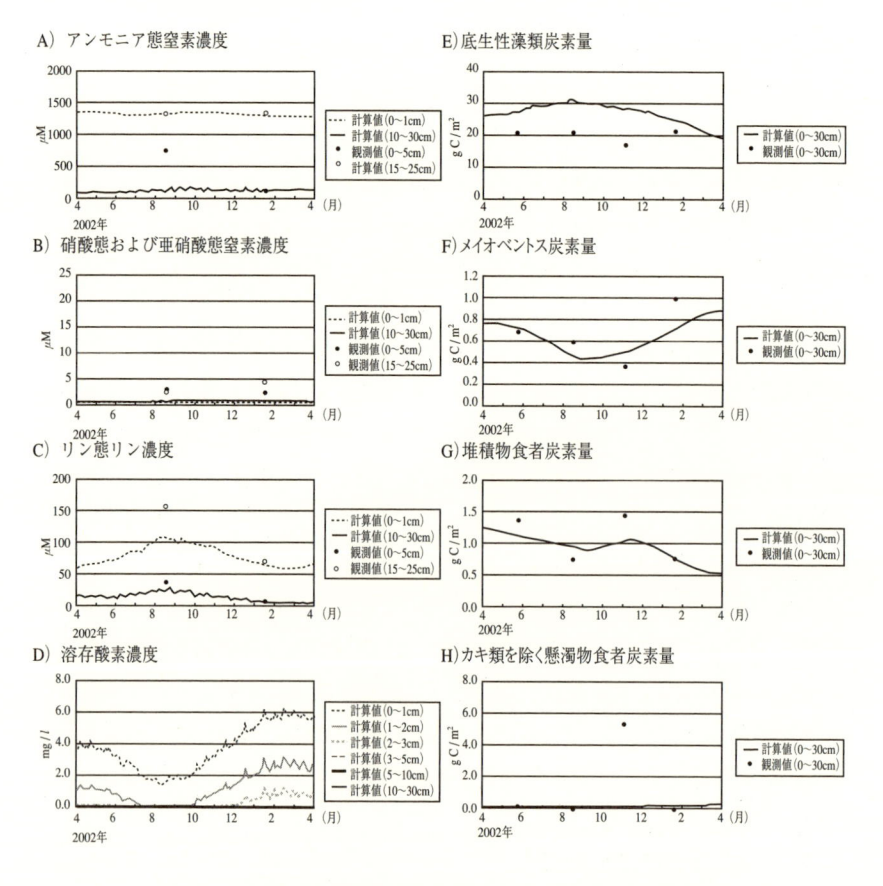

図6・4　底生系項目の観測値と計算結果の比較（測線SI-1の測点2）

算結果が観測値を上回ったものの，潮汐の変化に伴い濃度が変化する状況が再現された（図6・3C）．

図6・4A〜Hに測線SI-1の測点2（干潟域の代表地点として選定）における底泥間隙水中の水質と底生生物に係る観測値と計算結果の比較を示した．間隙水中の溶存酸素の計算結果は季節的な変化があり，観測でみられた傾向と一致していることが確認された（図6・4D）．間隙水中の硝酸（NO_3-N）と亜硝酸（NO_2-N）は低く，アンモニア（NH_4-N）濃度は高くなる傾向のほか，アンモニア態窒素およびリン酸態リンに係る鉛直方向の濃度変化が再現された（図6・4A〜C）．また，底生生物に係る現存量の計算結果は観測結果と概ね同じレベルであった（図6・4E〜H）．この中で，懸濁物食者の2003年11月の実測値が他の3季と比べて高く，計算結果との乖離が生じたが，これは局所的に存在するハイガイ群集地点をサンプリングしたことに起因しているものと考えられる．

§5. モデルの適用

構築モデルによる計算結果は，実測値を概ね再現したほか，季節的な傾向についての再現性も確保されるなど，泥質干潟域の特徴をうまく再現したことから，対象干潟・浅海域にモデルを適用して窒素循環の定量化による水質浄化機能の推定を行った．

5・1 窒素循環

計算対象の干潟・浅海域全域の窒素循環に係る計算結果（年間平均）を図6・5に示した．なお，現存量（図中ワク内の数値）は年間平均値で，物質循環量（図中矢印に添えられた数値）は日平均速度で示している．

干潟・浅海域における窒素循環は，浮遊系では植物プランクトン，底生系では付着珪藻やバクテリアの関与が大きく，懸濁物食者など他の生物群の関与を大きく上回っていた．底生系では，底生性珪藻の光合成により海水や間隙水中の無機態窒素を有機態窒素に同化する過程や，その結果生成された有機態窒素をバクテリアが分解し，間隙水中に無機態窒素（主にアンモニア）を供給する過程などが主要な過程となっている．

また，堆積物食者やメイオベントスも現存量は小さいものの，循環過程の中で重要な役割を果たしている．浮遊系（水中）では，植物プランクトンの光合

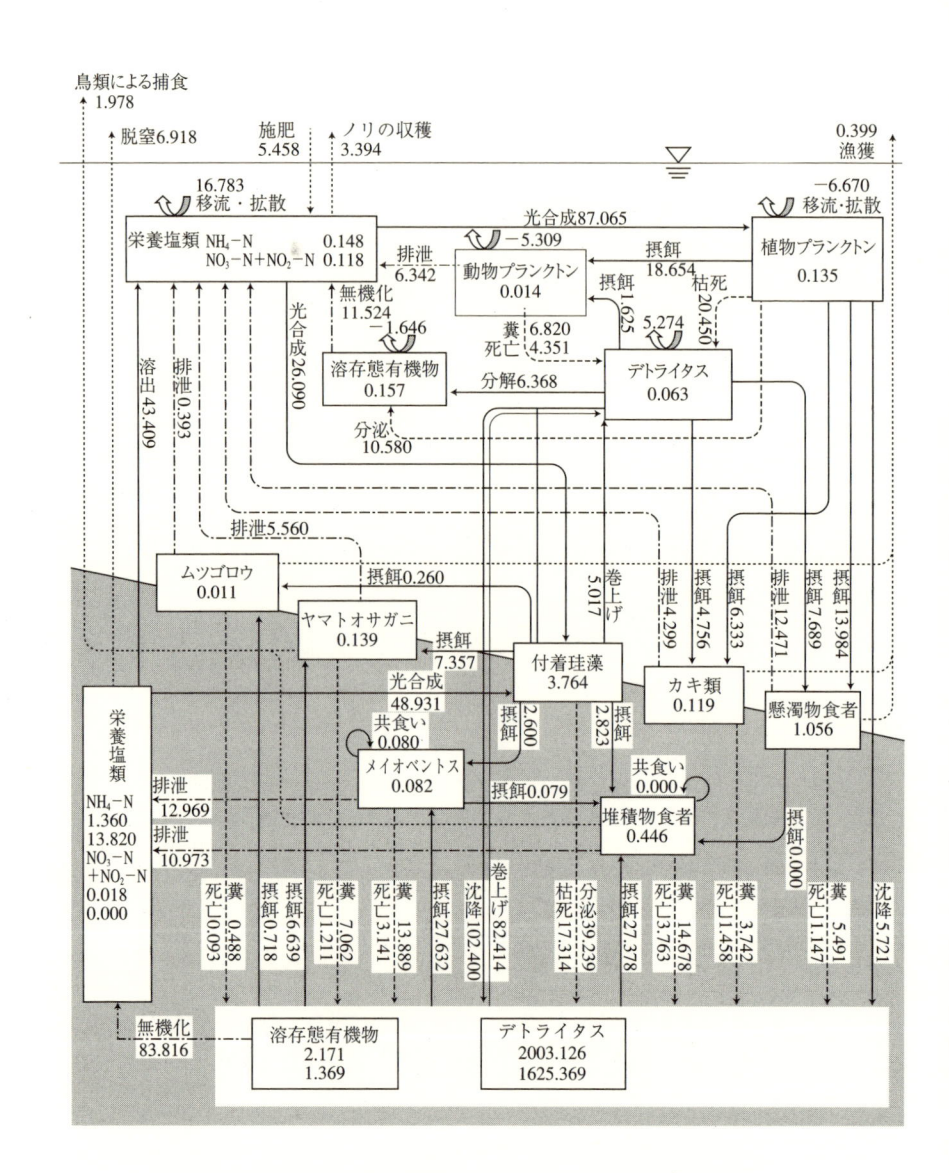

図6・5 対象干潟・浅海域全域における年平均の窒素循環に係る計算結果
注：浮遊系と底生系非生物項目に係る現存量の単位はmgN / l，底牛系の非牛物項目に係る現存量の単位はmgN / m²·0.3 m，物質循環量の単位はmgN / m²·日である．

成量が大きく，系内のみならず系外から流入する無機態窒素も利用して光合成が行われており，増殖した植物プランクトンは，系内の循環で完全に消費されず，系外に流出する結果となった．

5・2 窒素収支

底生系と浮遊系の間の窒素収支や系内外の窒素収支を検討するため，有機態窒素と無機態窒素に関する収支を整理した結果を図6・6に示した．

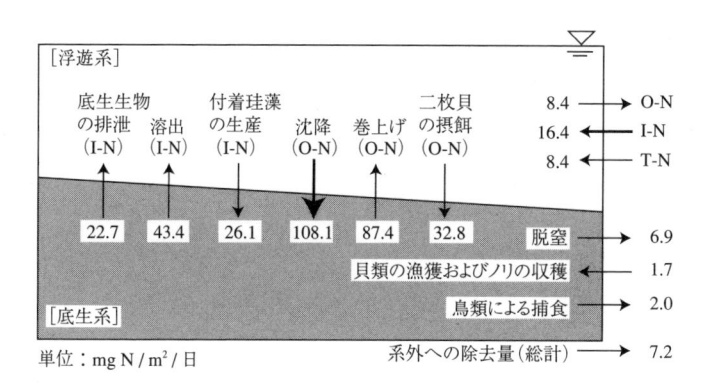

```
[浮遊系]
  底生生物   溶出    付着珪藻    沈降    巻上げ   二枚貝     8.4  → O-N
  の排泄   (I-N)   の生産    (O-N)   (O-N)   の摂餌    16.4 ← I-N
  (I-N)           (I-N)                   (O-N)     8.4  → T-N

  22.7    43.4    26.1    108.1   87.4    32.8    脱窒 →  6.9
                                          貝類の漁獲およびノリの収穫 ← 1.7
[底生系]                                   鳥類による捕食 ← 2.0

単位：mg N / m² / 日              系外への除去量（総計）→ 7.2
```

図6・6　年平均の窒素収支の概要
（年平均における底生系－浮遊系・系内－系外間収支）
注：O-Nは有機態窒素，I-Nは無機体窒素，T-Nは総窒素を表す．

　計算結果からは，干潟・浅海域においては二枚貝類などの懸濁物食者による窒素循環への役割が比較的限定的である一方で，付着藻類やバクテリアが底生系の窒素循環に重要な役割を果たしていることが示唆された．一方，既存の砂質干潟生態系モデルの結果[5, 14]では，アサリなど干潟域に生息する二枚貝が浮遊系と底生系の間の物質循環の駆動力となっており，干潟域の機能としては，濾過により懸濁態有機物を水中から除去し，無機栄養塩の形で戻すというように，無機化の場として位置付けられていた．これに対し，計算領域の年間の窒素収支からは無機態窒素が流入する一方，有機態窒素は流出する結果となり，泥質干潟は有機物の分解よりは基礎生産による栄養塩の吸収を通じて有機物の形で周辺海域に供給する生産の場として機能していることが明らかになった．

　また，対象干潟・浅海域全域における年平均の窒素収支に係る評価結果を図6・7に示した．領域全域の物質収支から水質浄化機能を評価すると，対象領域

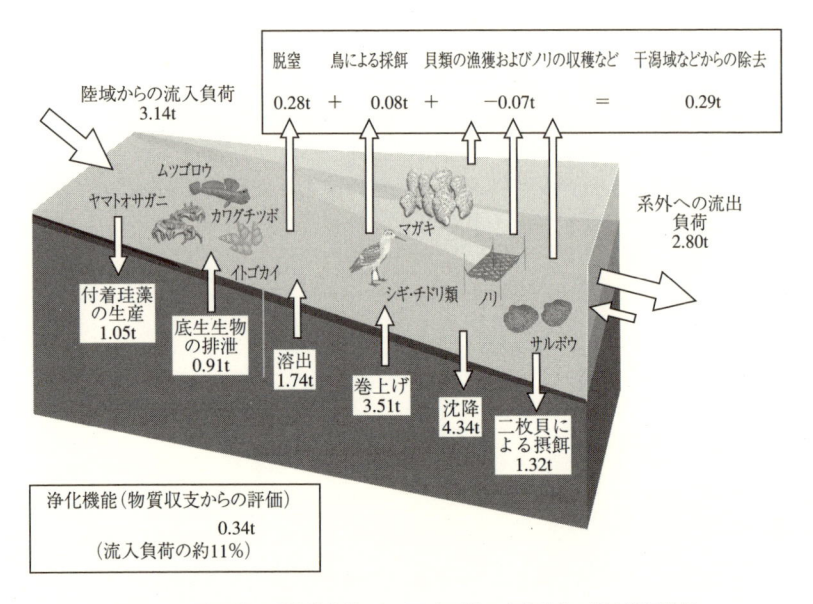

図6・7 対象干潟・浅海域全域における年平均の窒素収支に係る評価結果

の水質浄化機能は，0.34 t N / 日となり，これは，塩田川・鹿島川流域からの窒素負荷流入量の11％に相当していた．この物質収支から得られた浄化量の大部分は脱窒によるものであった．

§6. 結 論

有明海の泥質干潟・浅海域を対象に泥質域の生態系や物質循環の特性を考慮した浮遊系－底生系結合生態系モデルを構築し，年間の窒素循環と窒素収支などを推定した．このモデルでは，泥質域に特徴的な生物の役割のほか，底泥中の還元的環境の形成，底泥の巻上げ・沈降などによる物質循環過程への影響などを考慮した．この結果，計算結果は実測値を概ね再現したほか，季節的な傾向についての再現性も確保されるなど，泥質干潟域の特徴を再現するモデルが構築された．

この浮遊系－底生系結合生態系モデルによる計算結果から，泥質干潟域の物質循環について定量的な把握がなされ，二枚貝類などの懸濁物食者の窒素循環

における役割は比較的限定的である一方,付着藻類やバクテリアが底生系の窒素循環に重要な役割を果たしていることが示唆された.また,年間を通じた窒素収支をみると,無機態窒素の流入がある一方,有機態窒素は流出する結果となり,対象領域が有機物の分解より生産の場として機能している可能性が示唆された.領域全域の物質収支から水質浄化機能を評価すると,対象領域の単位面積当たりの水質浄化機能は8.4 mg N/ m^2 /日,対象領域全域では,0.34 t N /日となり,これは対象領域に陸域から流入する窒素負荷の約11％に相当していることが確認された.さらに,人為的な関与の度合いが高く,懸濁物食者の現存量の大きな地点では,有機物を分解する場として機能しているが,懸濁物食者の濾過速度は植物プランクトンの増殖速度と比べて低く,植物プランクトンの増殖を抑制する効果は限定的なものであると考えられた.

このように,泥質干潟を対象にした生態系モデルの構築と活用を通じて,有明海奥部泥質干潟域での窒素循環の定量化と水質浄化機能について考察を行うことができた.なお,水質浄化機能の向上に向けた環境改善措置などを行うに当たっては,単なる水質浄化機能といった観点だけでなく,海域環境,物質循環などにいかなる影響を及ぼすかを十分に考慮したうえで取り組みを進めることが重要であるが,今回の取り組みは,水質浄化機能の向上などが図られる効果的な環境改善対策を検討する上で有用なツールになるものと考えられる.

今後,さらに現地調査などを重ねて,知見の蓄積を進めることで,泥質干潟生態系モデルの汎用性と有用性を更に高めることができるものと考えられる.

文　献

1) J.W. Baretta and P. Ruardij : Tidal Flat Estuaries. Simulation and Analysis of the Ems Estuary. Ecological Studies 71, Springer-Verlag, 1988, 353 pp.
2) 中田喜三郎・畑　恭子:沿岸干潟における浄化機能の評価,水環境学会誌,17,158-166 (1994).
3) K. Hata, I.Oshima and K.Nakata : Evaluation of the Nitrogen Cycle in a Tidal Flat. Estuar. Coast. Model., *Am. Soc. Civil Eng.*, 1995, pp.542-554.
4) 畑　恭子・大島　巌・中田喜三郎:底生生態系モデルを用いた海岸生態系の物質循環の評価,海洋理工学会誌,3, 31-50 (1997).
5) 鈴木輝明・青山裕晃・畑　恭子:干潟生態系モデルによる窒素循環の定量化,-三河湾一色干潟における事例-,海洋理工学会誌,3, 63-80 (1997).
6) K. Hata and K. Nakata: Evaluation of eelgrass bed nitrogen cycle using an ecosystem model, *Environ. Model. & Software*. 13, 491-502 (1998).

7) K. Hata, K. Nakata and T. Suzuki: The nitrogen cycle in tidal flats and eelgrass beds of Ise Bay, *J. Mar. Sys*, **45**, 237-253 (2004).
8) 九州農政局：干潟浄化機能調査報告書，2003，287pp.
9) 安岡澄人・畑　恭子・芳川　忍・中野拓治・白谷栄作・中田喜三郎：有明海の泥質干潟・浅海域での窒素循環の定量化—泥質干潟域の浮遊系−底生系結合モデルの開発—，海洋理工学会誌，**11**，21-33（2005）.
10) 環境省水環境部：平成12年度藻場・干潟等の環境保全機能定量評価基礎調査報告書，2001，197pp.
11) 九州農政局：諫早湾干拓事業　開門総合調査報告書，2003，397pp.
12) 安岡澄人・石川知樹・中野拓治・白谷栄作・中田喜三郎：有明海泥質干潟・浅海域における底泥窒素循環の特性−塩田川・鹿島川河口域における現地調査及び室内試験結果−，海洋理工学会誌，**11**，54-61（2005）.
13) 農林水産省水産庁・農林水産省農村振興局・経済産業省資源エネルギー庁・国土交通省河川局・国土交通省港湾局・環境省環境管理局：平成14年度国土総合開発事業調整費　有明海海域環境調査報告書，2003，611pp.
14) 佐々木克之：内湾および干潟における物質循環と生物生産【12】一色干潟の窒素循環における二枚貝の役割，海洋と生物，**95**，487-492（1994）.

7章　浜名湖の環境と保全への取り組み

今 中 園 実[*]

§1. 浜名湖の概要

　浜名湖は，静岡県西部に位置する汽水湖である．本湖および猪鼻湖，細江湖など複数の支湖からなり，俗に「手のひら型」といわれる形状となっている（図7・1）．等深線を見ると，湖南部は平均水深2.5 mと浅いが，中央部～北部では急激に深くなる．最大水深は本湖北東部に位置する「湖心」と呼ばれる地点で，水深約12 mである．南部の今切口と呼ばれる湖口で遠州灘に続いており，海水の流入，潮汐など，典型的な内湾の特徴を示す．

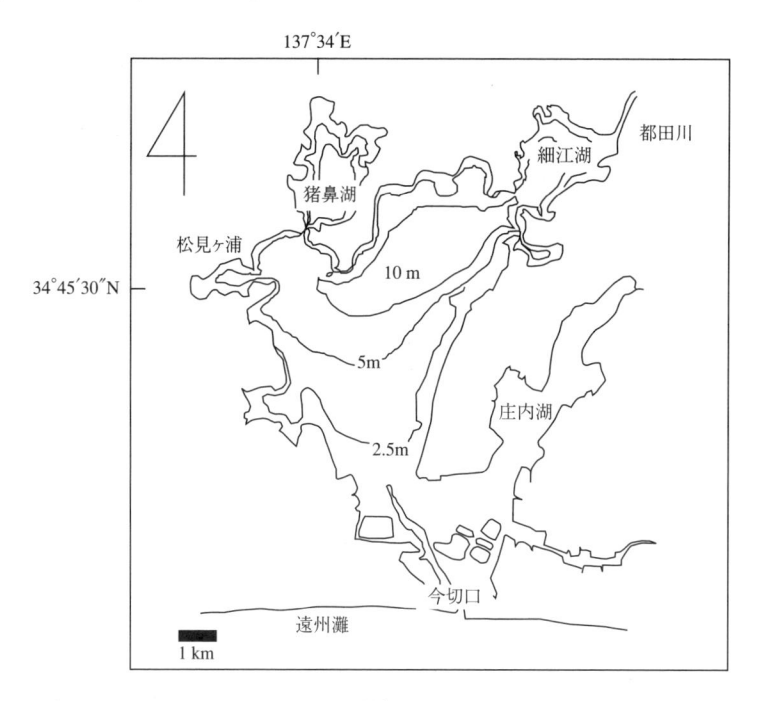

図7・1　浜名湖の地図

---
* 静岡県環境局自然保護室

浜名湖と遠州灘を結ぶ今切口は，幅約200 m であり，湖全体の面積（約70.4 m^2）に対して狭いものとなっている．また，各支湖と本湖を結ぶ水路も狭いため，湖全体，また湖内でも局所的に閉鎖性が高い地点を有するといえる．この地形上の特徴から，浜名湖の水質は地点ごとに異なる特徴を示す．特に水深が深い北部では，夏の高温と降雨により，湖水に温度躍層とそれに伴う密度成層が起こる．躍層の上下では水交換が小さいため，湖底部には貧酸素水塊が形成される．特に9～10月には，湖底部の溶存酸素量（以下DO）がゼロに近くなる，いわゆる無酸素状態となることも珍しくない．夏季の成層により，湖北部では表層と底層で水温，DOなどの差が顕著である．冬季になると成層状態が解消され，表層と底層の水質はほぼ均一となる．一方，水深が浅い湖南部では成層が起こらず，1年を通して水深による水質の差は少ない．

　地形上の閉鎖性，また夏季の成層により底層へのDO供給が起こらず還元的な環境となることなどから，湖水は富栄養的な状態になりやすいといえる．化学的酸素要求量（以下COD）測定値を例にとると，2000年以前は，湖内の水質観測点12点のうち，半数以上の地点で環境基準値（2 mg / l 以下が7地点，3mg / l 以下が5地点）が未達成となるなど[1]，湖水の富栄養化が進行していた．2001年以降は全観測点でCOD平均値が環境基準値を下回っていることに示されるように[2]，浜名湖の富栄養的状態は改善傾向にあるといえるが，特に閉鎖性が強い北部の湖心・猪鼻湖などでは，夏季にはCOD 3～4 mg / l と比較的高い値を示すことも多い．春季～秋季にかけては，主に植物プランクトンによる赤潮発生もしばしば見られる[3]．

　閉鎖的・富栄養的な環境であることは，懸濁態有機物が高濃度に存在し，豊富な栄養塩により植物プランクトンの増加がおこりやすいことを意味する．これらは水質悪化の一因となる一方，一次生産に寄与するため，海域の生産性の高さを表している，ともいえる．このような特性を反映し，浜名湖は他の多くの閉鎖的海域と同様，浅海に生息する水産生物の有用な漁場となっている．漁獲量が多い魚種はアサリ・スズキ・クロダイ・クルマエビなどである．中でも，アサリは漁獲量の90％以上を占めており，浜名湖を代表する漁獲物となっている．単位面積当たりの漁獲量は2005年で54.5 t / km^{2}と試算される．日本有数のアサリ漁獲量を誇る三河湾で，単位面積当たりの生産量が約11 t / km^{2}で

あることを考えると[4]，その生産性の高さが実感できる．またマガキ・ノリ類の養殖も湖内の各地で行われている．

しかし近年，浜名湖における漁獲量は減少傾向にあり，漁場としての生産性を見直す時期に来ている，と考えられる．特にアサリの漁獲量は1981年をピークとして減少を続けており，2000年以降の漁獲量は2,000～4,000 t未満と最盛期の1/2～1/3となっている（図7・2）．漁獲量減少には乱獲やツメタガイによる捕食など，様々な原因が推測されているが，十分な解明はされていない．その他の湖面漁業においても，1970年代には約800 tの漁獲量を記録していたが，2005年には約319 tとなっている[5]．

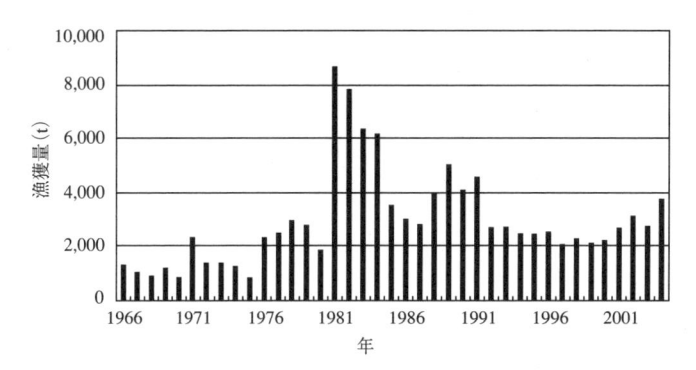

図7・2 浜名湖におけるアサリの漁獲量．1966～2004年までの推移

漁場としての浜名湖を保全するため，漁業の「場」としての環境条件を見直すことが今，求められている．静岡県では，主に水質改善の観点から浜名湖におけるいくつかの環境保全事業を実施してきた．これらの事業は直接的に漁獲量の増大や漁場の保全を目的としたものではないが，構造物の造成による環境改変は漁場としての環境条件にも影響を与え，事業実施の過程における環境条件の考察は，これからの漁場環境保全にもヒントを与えると考えられる．今回は，主に1999～2003年度に行った人工干潟の造成調査から，浜名湖の環境保全と漁業への影響を考察する．

§2．浜名湖における水質改善対策の抽出

浜名湖は，その閉鎖性から生産性が高い漁場である反面，水質保全の観点か

らは，COD値の上昇や赤潮の発生などが問題とされており，改善のための対策事業が必要視されてきた．

静岡県では，浜名湖の水質改善に有効な事業を抽出するためのシミュレーションを複数回にわたって実施してきた．1994～1997年には，水質改善対策の抽出事業である「浜名湖閉鎖性改善調査」を実施した．浜名湖全域の海水流動モデル，および有機炭素・窒素・リンの循環モデルを構築し，作澪・干潟造成などの水質改善事業を行う場合の条件を付加し，水質の変動を予測したものである[6]．海水の流動および物質循環は，浜名湖全域を 250×250 m のメッシュ状に分割し，鉛直方向は0～2.5 m，2.5～5 m，5 m以深の3層に切った3次元多層モデルを用いて計算した．方程式とパラメータについては，通産省[7]を参照した．1995年までの10年間に行った実際のモニタリング値との相関係数は0.64～0.81であった．このモデルに浜名湖で適用できる水質改善対策を行った場合の条件を当てはめた結果，人工干潟造成は作澪・開削などと比較して費用が安価であり，COD削減にも一定の効果が期待された．表7・1に，主な水質改善対策を実施した場合の予測結果を示した．

また，浜名湖のCOD値上昇および富栄養化機構を解明するための「浜名湖富栄養化防止対策調査」を1997～2000年にかけて実施した[8]．富栄養化の原因として，底質からの栄養塩溶出，植物プランクトンの増殖に着目し，これらの動態を調査した．底質のコアサンプルを採取し，弱攪拌閉鎖式・連続注排水式の室内実験装置に静置して，実験開始時と終了時の栄養塩濃度の測定により

表7・1 浜名湖における水質改善対策のシミュレーション予測結果

対策	場所	条件	費用	COD削減効果 (mg/l)
作澪	本湖中部	100万m³ 100m幅，水深2 m	120億円	0.02～0.65
開削	本湖入口	幅を現在の2倍に	200億円	0.24～0.60
干潟造成	鷲津湾 庄内湖	2ha 2ha	11億円 10億円	0.01～0.13 0.03～0.39
自然護岸	浜名湖全域	全護岸を自然護岸化	800億円	0.04～0.36
流入負荷削減	浜名湖全域	流域の全処理槽を合併処理槽に	170億円	0.03～0.28

溶出速度を求めた．また，現場において明暗ビン法で植物プランクトンの生産速度を測定した．底面直上に設置したセディメント・トラップにより捕集した沈降粒子の窒素濃度を測定した．また，水温および流況の連続測定を行った．CODの起源分析として，ミリポアフィルター（$0.47\mu m$）で海水を濾過し，濾水中のCODを溶存態COD，試水全体のCOD分析値と溶存態CODとの差を懸濁態CODとした．濾紙に残った懸濁物をSSとした．また，アセトン抽出によりクロロフィルaを測定した．これらの測定値について，単位時間当たりの変化を求め，栄養塩の表層への拡散を計算した．

その結果，夏季の成層期におけるCOD値上昇には，湖底堆積物や懸濁物から栄養塩が溶出し，それらが躍層の破壊により表層にもたらされること，また植物プランクトンの増殖や表層での流入有機物など，複数の要因が重なり合っていることが明らかとなった．推定された富栄養化機構より，堆積物や底層水からの栄養塩供給を抑制することが湖内の富栄養化防止につながると考えられた．栄養塩溶出の抑制に効果が期待される耕うん・覆砂・カキ殻撒布・カキ殻焼成品撒布について，室内実験による検証を試みた．浜名湖からコアサンプラーで採取した底泥を恒温培養装置に設置し，底泥の表面に耕うん・1 cm覆砂・カキ殻およびカキ殻焼成品を撒布した．設置前・設置後の直上水測定により，栄養塩の溶出速度を求めた．また底泥コア直上水中にDOセンサーを設置し，DO濃度の減少から時間当たりの酸素消費量を求めた．その結果，覆砂が窒素・リンの溶出抑制効果が高く，酸素消費量も低位安定する傾向が示された（表7・2）．

表7・2 室内実験から算出した富栄養化防止対策の効果

	栄養塩溶出速度		表面酸素消費速度*	備考
	DIN*	DIP*		
耕うん	−151.0	−15.0	50	約14時間で安定
覆砂	−242.0	−48.9	30	約20時間で安定
カキ殻撒布	65.6	−32.6	—	—
カキ殻焼成品撒布	31.0	−21.9	—	—
対照区	130.0	13.2	30	

＊：単位 $mg/m^2/$時
—：実験実施なし

2つの水質改善対策シミュレーション事業の結果，浜名湖の生態系に大きな変化をもたらす可能性が少なく，かつ水質改善効果が高い方法として，人工干潟造成および覆砂がよいと判断された．

§3. 浜名湖における人工干潟実証試験
3・1 人工干潟に期待される効果

1970年代半ばから，日本全国で人工干潟の造成が行われるようになった．その背景には，1930年～91年の約60年間で約31,200 haの天然干潟が消失するなど，浅海域の環境変化が増大したことがあげられる[9]．アサリの漁獲量減少も日本全国で顕著となるなど[10]，水産業への影響も示唆されていた．1980年代には，干潟の水質浄化能にも注目が集まるようになり，水質改善を目的とした造成も行われるようになった．2000年までには全国で約271 haの人工干潟が造成されている[11]．大規模な造成例では，横浜市金沢（46 ha）や有明海（熊本市内：60 ha）などがある[12]．

人工干潟に期待される一般的な効果として，底質改善・生物の増殖・生物相の改変・水質浄化などがあげられる．浚渫や客土を行うため，一般的に地盤高が改変されて平坦な地形となり，底質も砂質または泥質となる．これらの環境改変により，底質には底生性藻類や好気的バクテリアなどが付着するようになる．藻類の光合成によって好気的な環境が持続的に形成され，微生物により有機物の分解・無機化が促進される[13]．また，砂質の海岸に生息する二枚貝・多毛類・甲殻類などのマクロベントスの定着・増加が促進される．これらのマクロベントスを捕食する鳥類も飛来するようになる[14]．このように，人工干潟の造成により，新しい生態系が構築されることになる．干潟に生息するマクロベントスには水中の有機物を濾過して摂食する種が多く含まれ[15]，有機物浄化量の増大も期待できる．また，干潟に生息する生物にはアサリ・クルマエビなど浅海域での重要な漁獲対象種が含まれるため，干潟の造成による水産有用生物の定着・増殖も期待できる．

3・2 浜名湖における人工干潟造成

静岡県では，§2.で実施したシミュレーション事業の結果から，浜名湖の水質改善対策として人工干潟の造成に着目した．そこで，1999～2003年度に，

環境省委託事業「自然を活用した水環境改善実証事業」として，浜名湖に実験用人工干潟を造成し，湖内での人工干潟機能調査を試みた．なお，以下の文章中で特に引用を明記しないデータは，環境省・静岡県「自然を活用した水環境実証事業評価検討調査　事業統括報告書」[16]を参照している．

干潟造成場所は，浜名湖北西部の松見ヶ浦である．図7・3のとおり，1999年7月に人工干潟2面を造成した．護岸からの距離45 m，水深2 m以浅に，基盤掘削と客土により1/10の勾配で砂質の海岸を造成した．護岸から30 mまでが潮汐により露出面積が変化する区域であり，この区域を干潟とみなして実験区を設定した．干潟両端には，底質の流出を防止するための遮水壁を構築した．干潟より外側の区域は外浜とみなした．また，実験区A付近の干潟未造成区域を対象区とした．客土に用いた底質は，浜名湖南東部の村櫛沖浚渫土である．掘削した造成地の底質は，後述するように実験区Bへの客土に使用した他，一部を遮水壁の間詰め土として利用した．

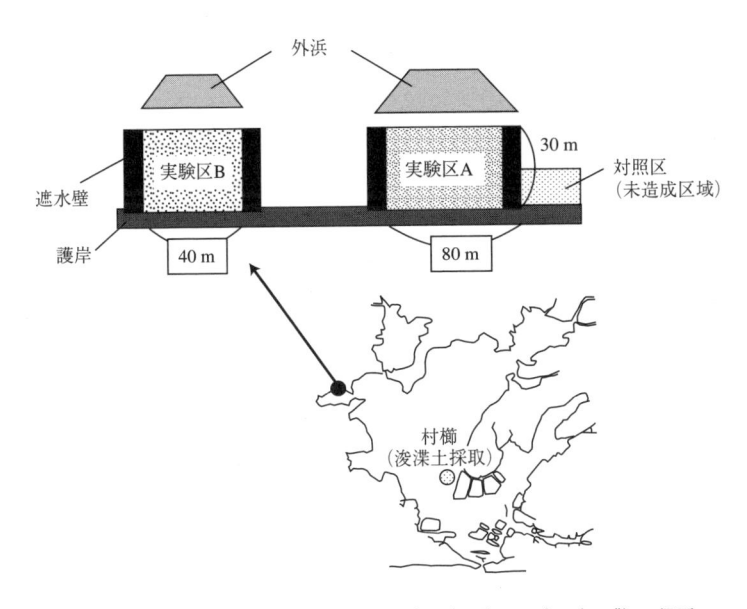

図7・3　松見ヶ浦に造成した人工干潟造（34°45′50″, 137°31′50″）の概要．造成場所，および造成した実験区の配置，面積を略図で示す．粒度組成が異なる2つの実験区A・Bを造成した．実験区の条件は表7・4を参照．

2つの実験区は，底質の組成による環境改善効果の差を検討するために設置した．造成時の各実験区の概要は，表7・3のとおりである．実験区Aは村櫛沖浚渫土のみを客土して造成した．実験区Bは村櫛沖浚渫土に基盤掘削時に発生した造成地の底質を10％混合した底質を客土し，粒度組成および水分含有率を変化させた．これらの実験区において，環境改善機能を評価するため，底質，水質，生物の調査を行い，実験区A・Bでの結果を比較した．主な調査項目およびその測定法を表7・4にまとめた．

表7・3 松見ヶ浦に造成した実験区の概要．造成場所，各実験区の位置は図7・3に示す．

	実験区A	実験区B	対照区
面積（潮間帯：m）	80×30	40×30	40×30
底質の起源	村櫛沖浚渫土	村櫛沖浚渫土 実験区沖浚渫土 （配合率 9:1）	―
中央粒径（mm）	0.17	0.15	4.40
水分含有量（％）	33.3	41.1	19.4

表7・4 人工干潟造成試験における主な調査項目

	調査項目		方法	頻度
底質	強熱減量		JIS測定法	年6回
	有機炭素・窒素含有量		CNコーダで測定	
	酸化還元電位		多点電極法	
	微生物による呼吸速度		CO_2定量法	
	脱窒速度		アセチレン阻害法	
	粒度分析		JIS測定法	
水質	水温，塩分，DO		自動計測	年6回
	COD		JIS測定法	
	浮遊懸濁物（SS）		JIS測定法	
生物	マクロベントス	個体数	コドラート法	年4回
		湿重量		
		出現種		
	魚類	個体数	定置網で採集	
		湿重量		
		出現種		
	植物・動物プランクトン	出現種	プランクトンネットで採集	
		細胞数		

3・3 干潟造成による環境改善効果

人工干潟の造成により,底質や生物生息状況に大きな変化が見られた.干潟造成地は,造成前は岩石と嫌気的な砂質からなる海岸(レキ分76.8％,中央粒径地4.4 mm)であったが,造成により砂質(粒径75μm～2 mm)70％以上の砂地となった.化学分析では,造成約8ヶ月後から好気的な環境を示す測定値が得られた.酸化還元電位はA・B両実験区とも2000年3月から正の値を示すようになり,調査終了時まで0～100 mVの間で推移した.硫化物含有量は,対照区では1.3 mg/gであったのに対し,干潟造成地では0.1 mg/g以下となり,干潟造成により底質の硫化物含有量が減少した.

生物生息状況では,特にマクロベントスの生息状況に大きな変化が見られた.造成した実験区では,造成直後にはマクロベントス生息数は20個体/m^2と少数であったが,3ヶ月目以降には1,000個体/m^2以上,湿重量で500 g/m^2以上を記録するようになった.優占種は,造成1年目はカワグチツボ・ホトトギスガイなど,周辺からの移入と思われる嫌気的環境を好む生物種であったが,2年目以降はアサリ・ユウシオガイなどの好気的な底質に生息する生物が優占した.A・B両実験区を比較すると,Aの方が二枚貝などの内在性ベントスが多く,個体数・湿重量とも多い傾向が見られた.浜名湖内の砂質海岸においては,アサリ・ユウシオガイ・カガミガイなどの二枚貝が多く見られ[17],生物生息環境の変化から環境改善効果を定性的に見ることができる.対照区ではタテジマフジツボ・多毛類 *Capitella* 属などの嫌気的環境に生息する生物,およびマガキなどの付着性生物が多い傾向が見られたのに対し,造成した干潟の生物相はアサリ・シオフキなどの二枚貝が多数を占めるようになったことから,干潟の造成による生物生息状況改善が実証できた(図7・4).

人工干潟造成による底質浄化作用の定量化を検討した.一般に干潟の底質には,一次生産に寄与する底棲藻類や,有機物を無機化する細菌が付着している[18].人工干潟造成では,客土により粒度組成を変化させることにより,これらの微生物が生息できるようになるため[19],有機物分解・無機化や窒素除去能の付加が期待できる.また,造成後にマクロベントスの定着が見られたことより,ベントスの呼吸による無機炭素発生も浄化に寄与すると考えられる.

実験区での微生物による有機物の分解・無機化速度,および脱窒速度を,室

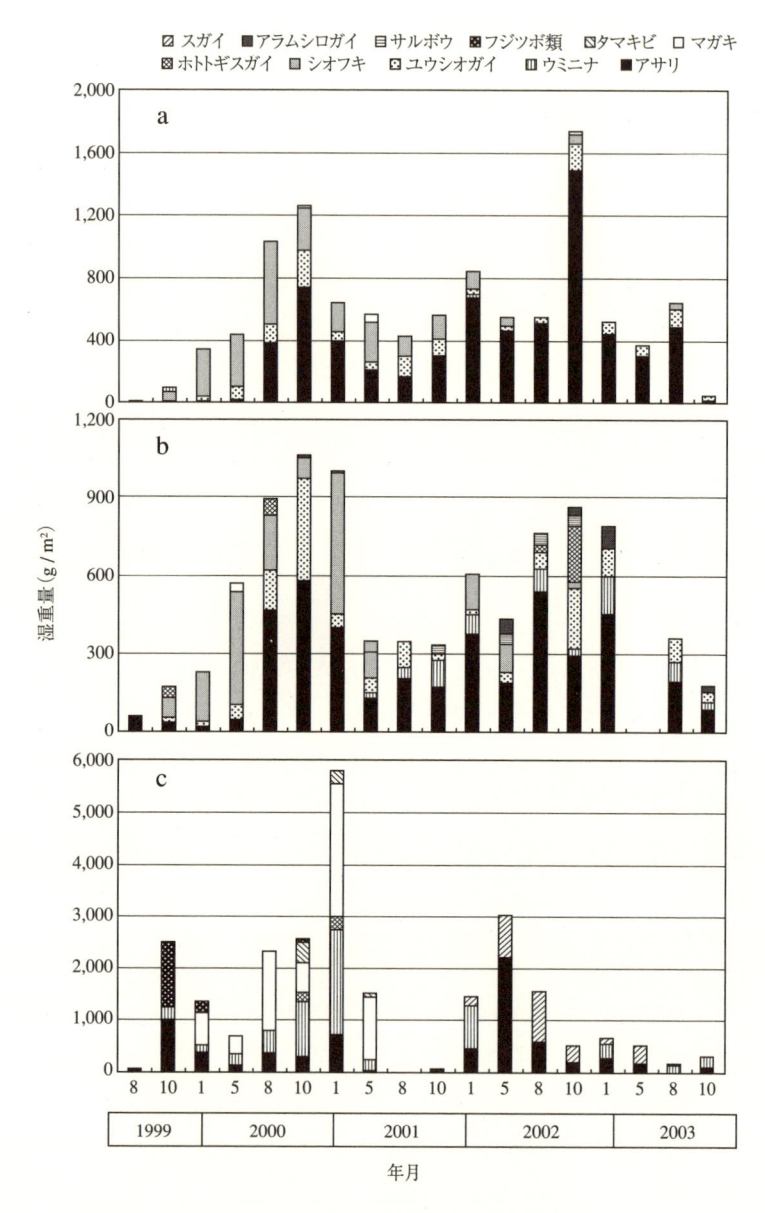

図7・4 人工干潟に出現した生物種．湿重量が多い種を実験区ごとに示した．
a，実験区A：b，実験区B：c，対称区

内実験で測定した．底質のコアサンプルを採取し，マクロベントスを除去して実験に供した．有機物の分解・無機化能は，底質を現地海水で4倍希釈した0.2 MTris緩衝液中，底質採取日の土壌温度と同温度で24時間培養し，培養液中の無機炭素を無機炭素測定器で測定して求めた．窒素除去能はアセチレン阻害法（NO_2からN_2への還元作用をもつ酵素を阻害）により求めた．実験には培養ビンを用い，ビン中の気体にアセチレンを濃度2％になるよう充填し，硝酸カリウム溶液（窒素として$100\mu M$）を加えて底質を20分間培養した後，塩化水銀（Ⅱ）飽和溶液を入れて活性を停止させ，培養ビン中の気相をガスクロマトグラフィーに供し，N_2O濃度を測定して求めた．その結果，実験区では造成2年目の2000年から測定値が上昇した．測定値は2000年が最も高く，無機炭素発生速度$0.5 \sim 20.4 \mu$g-C / g-dry / 日，脱窒速度$0.3 \sim 39.1 \mu$g-N/g-dry / 日となった．特に実験区Aにおいては対照区より高い値となる傾向が見られた（図7・5）．ベントスの呼吸速度は，既存の研究によるベントス動物門別の呼吸率[20]と，測定したベントス湿重量から計算した．5年間の平均値は実験区Aで0.353mg-C / g-dry / 日，実験区Bで0.375mg-C / g-dry / 日となり，ベントスによる浄化能が付与されたと考えられた．

　人工干潟による水質の浄化能力推定を試みた．実験区A・Bそれぞれにおいて，護岸から5 mおよび20 mの地点で採水を行った．干潮時・満潮時にそれぞれ採水を行い，COD・クロロフィルa・浮遊懸濁物（以下SS）・全窒素・全リン含有量を測定した．地点間の測定値の差異と干潮・満潮までの時間から，単位時間当たりの水質変化を計算し，測定値の増減により浄化能力の有無を推定した．その結果，両実験区ともCOD除去能力をもつことが試算され，実験区Aでは0.075 g / m^2 / 日，実験区Bでは0.178 g / m^2 / 日の浄化能力が計算された．実験区Aでは2.75 g / m^2 / 日のSS除去能力も確認された．調査結果では数値減少を示した項目は少数であったが，人工干潟の造成により，水質浄化効果が付加されることが推察された．

3・4　水産業への波及効果と課題

　好気的な砂質の干潟を造成することにより，浜名湖で重要漁獲種となっているアサリなど底生性の有用水産生物の増殖が期待できる．松見ヶ浦人工干潟におけるアサリの個体数変化を年次別に見ると，造成2年目から増加が見られ，

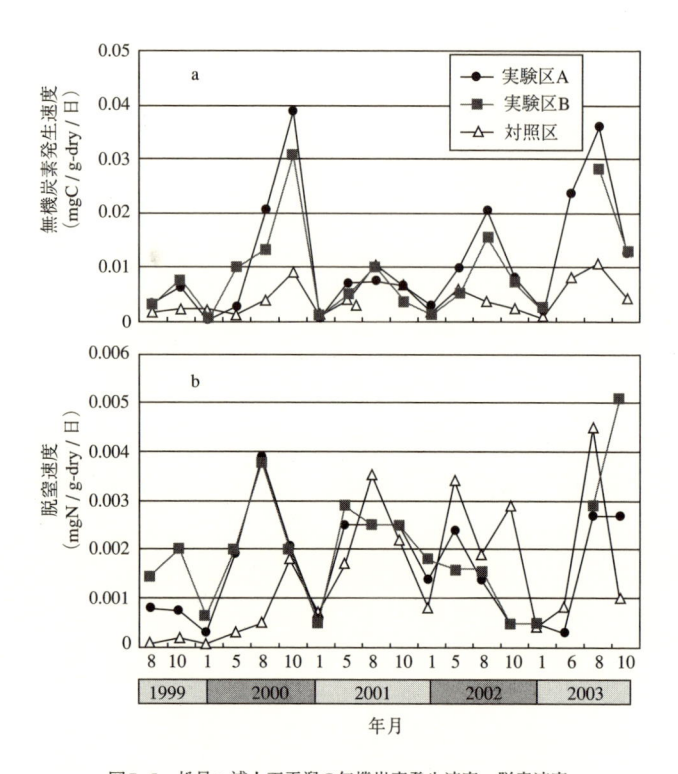

図7・5 松見ヶ浦人工干潟の無機炭素発生速度, 脱窒速度

200個体/m^{2}以上が確認されるようになった (図7・6). 底質の変化により, アサリの浮遊幼生が着底し, 生残・成長ができる環境になったと考えられた. 前述のように, 浜名湖におけるアサリの漁獲量は低迷を続けてきたが, 人工干潟の造成による着底・増殖場の増大は, アサリ資源量の回復のための1つの方法となり得たと考えられる. また, 魚類の餌料となるといわれる多毛類の個体数変化を見ると, 湖内に貧酸素水塊が形成される夏～秋季には減少傾向が見られたものの, 造成前にはゼロだった個体数が造成2年目からは100個体/m^{2}以上, 最大12,890個体/m^{2}となった (図7・7). 魚類の個体数は実験区A・B, 対照区とも500～1,500個体であり, 調査日ごとの出現数に有意な差異は見られなかった. 魚類の増加への直接的な影響を示すデータは得られなかったが, 多毛類の出現は人工干潟の造成後, 底質が好気的な環境に改善された時期に始まっ

ており，底質改善の効果を示す結果の1つである，といえる．

このように，人工干潟造成により水産環境の改善・資源量の回復が期待されるが，その一方で，干潟の維持にかかる問題点も明らかになった．人工干潟は波浪や風力などの影響を受け，形状が経時的に変化していくことが以前から指摘されている[21]．松見ヶ浦人工干潟においても，地形および粒度分析から年次

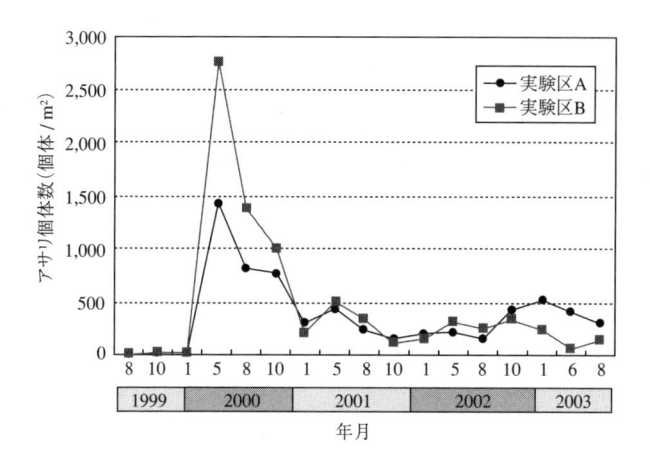

図7・6 人工干潟におけるアサリ個体数の変動

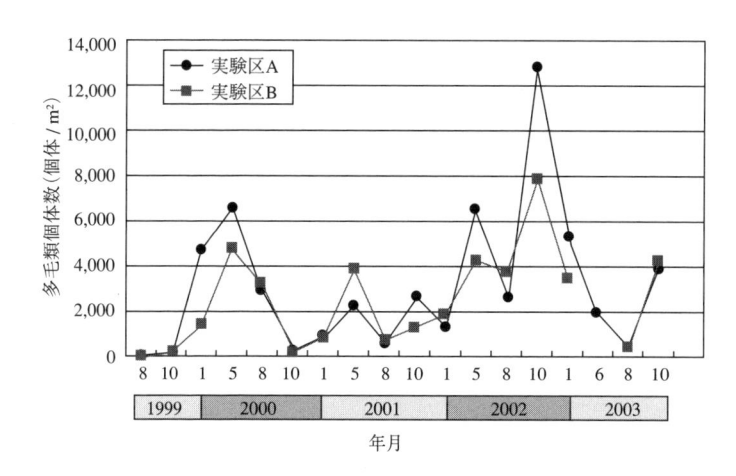

図7・7 人工干潟における多毛類個体数の変動

経過に伴う底質の変化を調査した結果，造成約3年目から底質の流出が顕著となり，造成5年目の2004年1月には，0.15 m³/m²の底質が流出していたことが明らかとなった．実際に干潟の底質を表層から約2 cm掘り下げると，造成3年目の2001年頃からは，もとの還元的な底質が出現する状況であった．

砂浜海岸の形状変化は，水産生物の分布量にも影響を及ぼすことが指摘されている[22]．本調査におけるアサリの個体数を経時的に見ると，造成後2年は増加傾向が見られたが，3年目以降は減少した（図7・6）．アサリの減少は底質流出の状況と時期が一致しており，客土した底質の流出，還元的な底質の露出により，アサリ生息に適した環境条件が失われたことが伺える．

以上の結果より，人工干潟の維持には，定期的な客土などが不可欠であると考えられる．本調査は干潟の機能試験であるが，長期的な環境改変を目的とした干潟造成では，維持のための定期的な金銭的・人的措置なども視野に入れて実施することが不可欠であろう．

§4. これからの浜名湖保全に向けて

人工干潟実証試験により，干潟の維持・保全が浜名湖の水産環境保全に有効な1つの方法であることが示唆された．しかし，浜名湖の環境は変化を続けており，持続的な利用の上で新たな問題を投げかけることも多い．近年，湖水の塩分上昇が指摘されており，過去の作澪事業との関連性が推察されている．湖内では1970～1986年にかけて漁場環境改善を目的とした大規模な作澪事業が行われた[23]．海水の流入量は造成前の1.5～1.6倍に増大したといわれ，湖内の塩分は，作澪前（1962～1969年），作澪後（1987～1994年）で平均値28.66から29.70に上昇した[24]．作澪直後の1980年代には，それまでアサリの分布が見られなかった作澪場所付近で着底稚貝が大量に分布するようになるなど[25]，漁場としての環境改善を示す調査結果も得られていた．しかし，近年の漁獲統計調査では，ウナギ・コノシロなど汽水性魚類の減少，カワハギ・アイゴなど高塩分性魚類の増加が明らかとなり，湖内の環境が大きく変動している可能性が示されている[26]．アサリの捕食者であるツメタガイなどのタマガイ類も大量発生するようになり[27]，漁業に被害を与えている．2005年には地元の漁協を中心とした大規模な駆除活動も行われた．浜名湖では，タマガイ類によるアサ

リの被食率は2001年頃から急激に増加したとされており，タマガイ類の増加と塩分量上昇との関係も指摘されている[28]．浜名湖の水産環境をめぐり，新たな問題が表面化しつつある．変化を続ける浜名湖の環境を常に見据え，適切に保全していくことが求められている．

謝　辞

「自然を活用した水環境改善事業」静岡県事業受託者として1999年から5年間にわたり，実際の干潟造成・調査に尽力頂いた（株）フジタ技術センター主任研究員　島多義彦氏，および同社担当者各位に謝意を表する．

文　献

1 ）静岡県環境衛生科学研究所：平成12年度静岡県公共用水域及び地下水の水質測定結果，静岡県，2001，374 pp.
2 ）静岡県環境衛生科学研究所：平成17年度静岡県公共用水域及び地下水の水質測定結果，静岡県，2006，374 pp.
3 ）岡本　研：浜名湖の植物プランクトン－汽水性の強い内湾の事例として－，水産海洋研究，59，175-179（1994）．
4 ）愛知県：H17年度刊愛知県統計年鑑，愛知県，2006，pp.137-138．
5 ）小泉康二:平成17年の浜名湖漁獲統計，はまな，513，2-4（2006）．
6 ）静岡県環境部：浜名湖閉鎖性改善調査概要版，静岡県，1997，124 pp.
7 ）通商産業省立地公害局工業技術院資源環境技術総合研究所：平成3年度浜松・磐田地区産業公害総合事前調査－浜名湖水質シミュレーション－報告書，通商産業省，1992，111 pp.
8 ）静岡県環境部浜名湖保全室：平成11年度浜名湖富栄養化防止対策調査報告書,静岡県，2000，132 pp.
9 ）日本海洋開発建設協会海洋工事技術委員会編：これからの海洋環境づくり－海との共生を求めて－，山海堂，1995，213 pp.
10）柿野　純：アサリ漁業をとりまく近年の動向，水産工学，29，31-39，（1992）．
11）細川恭史:干潟生態系の創出技術，環境保全・創出のための生態工学（岡田光正・大沢雅彦・鈴木基之編），丸善株式会社，1999，pp.160-169．
12）運輸省港湾局エコポート（海域）技術WG編：港湾における干潟との共生マニュアル，財団法人港湾空間高度化センター，1998，138 pp.
13）桑江朝比呂・細川恭史・古川恵太・三好英一・木村英治・江口菜穂子：干潟実験施設における底生生物群集の動態，港湾技術研究所報告，36，3-35（1997）．
14）木村賢治・西田幹夫・三好康彦：人工海浜の養浜工事と底生生物の生息との関係，東京都環境科学研究所年報1993，1993，pp.220-224．
15）青山裕晃・鈴木輝明：干潟の水質浄化機能の定量的評価，愛知水試研報，3，17-28（1996）．
16）環境省・静岡県：自然を活用した水環境改善実証事業評価検討調査（干潟水環境改善機能調査）事業統括報告書，静岡県，2004，82 pp.
17）黒倉　寿：浜名湖の環境特性と生物生産，

日本海水学会誌, **49**, 122-128 (1995).
18) S. S. Epstein: Microbial food webs in marine sediments.II. Seasonal canges in trophic interactions in a sandy tidal flat community, *Microb. Ecol.*, **34**, 199-209 (1997).
19) 西嶋　渉・岡田光正：人工干潟生態系の構造と機能, 環境保全・創出のための生態工学（岡田光正・大沢雅彦・鈴木基之編）, 丸善株式会社, 1999, pp.169-179.
20) 西嶋　渉・李　正奎・岡田光正：自然および人工干潟の有機物浄化能の定量化と広島湾の浄化に果たす役割, 水環境学会誌, **21**, 149-156 (1998).
21) 古川恵太・藤野智亮・三好英一・桑江朝比呂・野村宗弘・萩本幸将・細川恭史：干潟の地形変化に関する現地観測－盤州干潟と西浦造成干潟－, 港湾技研資料, 965, 2000, 29 pp.
22) 柴田輝和・柿野　純・村上亜希子：冬季の漁場における砂の流動に対するアサリの定位性ならびに餌料量・運動量とアサリの活力との関係, 水産工学, **33**, 231-235 (1997).
23) 浜名湖地区水産振興協議会編：浜名湖地区の水産, 浜名湖地区水産振興協議会, 2001, pp 63.
24) 津久井文夫：浜名湖における作澪事業前後の漁獲量変化についての一考察, 静岡水試研報, **31**, 19-25 (1996).
25) 花井孝之：アサリの出現状況から見た大規模漁場保全事業の効果, はまな, **343**, 1-2 (1989).
26) 後藤裕康：漁獲量変動からみた浜名湖の漁場環境の変化, 静岡水試研報, **39**, 31-50 (2004).
27) 鷲山祐史・小泉康二・松浦玲子・和久田昌勇：アサリ生産安定化総合研究（アサリ）, 静岡県水産試験場平成16年度事業報告, 2005, pp.155-159.
28) 後藤裕康・鷲山裕史・小泉康二・和久田昌勇：アサリ生産安定化総合研究（アサリ）, 静岡県水産試験場平成15年度事業報告, 2004, pp.139-149.

8章 宍道湖におけるヤマトシジミ生産環境の保全

中 村 由 行*

§1. 汽水域の特徴とヤマトシジミ

　汽水域を海域から区別する最も基本的な特性は，塩分の環境である．特に，宍道湖・小川原湖・涸沼，あるいはかつての利根川河口域など，河川や水道を通して間欠的に海水が遡上するような湖沼や感潮河川では，低かんな塩分環境が維持されるため，浸透圧の調整機能に優れその環境に適応した少数の生物が優占化しやすい．そのような代表的な生物として，ヤマトシジミがある．例えば，島根県に位置する宍道湖は湖沼としては国内第一の漁獲量を誇っており，漁獲対象種の大部分がヤマトシジミである．底生生物（ベントス）の現存量で見ても大部分がヤマトシジミである．同じ汽水湖であっても，浜名湖や中海のように塩分が海水の半分程度以上の高かんな環境であれば，海産性の生物が主体であり，同じ二枚貝でもアサリなどが主要な漁業対象種となる．

　現在でこそ宍道湖はわが国最大のシジミ漁場であるが，過去には，利根川河口域など，宍道湖を上回る漁獲量を示す水域が存在した[1]（図8・1）．これらの水域で漁獲量が減少した理由は，淡水化や埋め立てなどによってシジミの生息場，特に産卵に必要な低かんな環境が喪失したこと，あるいは富栄養化が過度に進行したため，貧酸素水塊が形成されやすくなった影響ではないかと考えられている．また，八郎潟では淡水化後に宍道湖の成貝を放流していたが，先年，堤防が決壊し海水が流入した事故によってたまたま汽水条件が成立し，直後にシジミが爆発的に漁獲されたという事例がある．これらのことから，日本の汽水域では，古来よりヤマトシジミなどの二枚貝を中心とした生態系が存在していたことがわかるし，生息条件が整えば，再びシジミの漁場を復活させ，かつ水質浄化を図ることも可能になるのではないかと期待される．

　ヤマトシジミもアサリも，栄養段階における位置づけは，食物連鎖における一次消費者であるという共通点をもつ．一次生産者はすべての食物連鎖の中の

---

* 港湾空港技術研究所　沿岸環境領域長

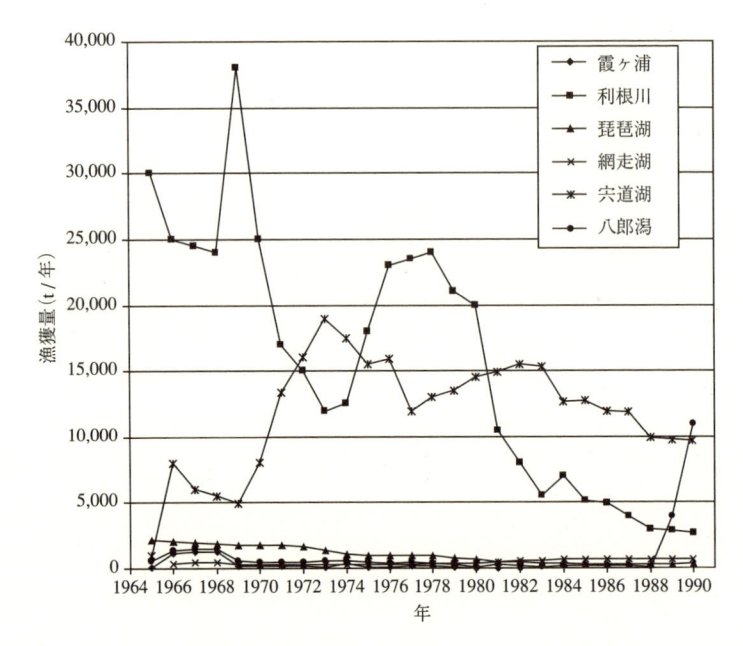

図8・1 わが国における主要湖沼におけるヤマトシジミ生産量の推移[1]

基本となる位置を占めるため，その主な構成要員である植物プランクトンの生産量と各栄養段階における消費者に利用される有機物のフローは大まかには比例関係にある．かつての汽水域や沿岸浅海域では，植物プランクトンにより生産された有機物が，一次消費者である二枚貝を通して，高次の消費者（魚や鳥など）に有効に利用されていたと考えられる．しかしながら，近年の過度な富栄養化の進行や二枚貝の生息場が開発によって失われたことなどにより，一次生産者から一次消費者への物質変換のプロセスが断ち切られ，赤潮や水の華などに典型的に見られるような，有機汚濁が進行する状況となっている．

ヤマトシジミは食用となるために，成長に使われた窒素・リンや有機物が漁獲によって確実に湖沼系外に持ち出され，漁業生産活動がそのまま浄化のシステムとしても機能している．山室[2]は，夏季宍道湖に流入する窒素負荷の約15％がヤマトシジミの成長に使われていると推算している．また，中村[1]は，流入負荷のうち，魚類を含めて宍道湖で漁獲により除去される割合が窒素で9.5％，リンで14％に達すると推定している．このような高い除去率は，主た

る漁獲対象種であるヤマトシジミが一次消費者であることに起因する可能性がある．山室[3]は，宍道湖における一次生産量や漁獲量を，他の代表的な富栄養化湖沼である霞ヶ浦・諏訪湖と比較している（表8・1）．それによると，湖沼の面積当たりの一次生産量はこれらの湖沼間で大差ないのに対して，面積当たり漁獲量は，宍道湖では諏訪湖および霞ヶ浦のそれぞれ約10倍，および約5倍である．山室[3]は，この差は諏訪湖と霞ヶ浦では漁獲対象が魚類であり，主として栄養段階でいう二次消費者以上であることによるのではないかと推定している．さらに，一次消費者の中でもヤマトシジミのような高い濾過能力をもつ懸濁物食者が主体となる場では，一次生産された有機物が効率よく転送される可能性がある．濾過速度は夏期に最も高くなり，平均的なサイズの1個体当たり約460 ml / 時 に達するが[4]，その濾過量は，シジミの資源量を考慮すると4〜5日で宍道湖の水全部を濾過できるほどの速度に匹敵する．

表8・1 主要湖沼における一次生産量と漁獲量の比較[3]

湖沼名	年間漁獲量 (t)	面積 (km^2)	最大水深 (m)	単位面積当たり漁獲量 (t / km^2)	年間一次生産量 (gC / m^2)
諏訪湖	167	12.9	7.6	12.9	770
霞ヶ浦	4,331	167.6	7.3	25.8	750
宍道湖	10,165	79.2	6.0	128.0	730〜1,100

宍道湖は，近年やや漁獲量が減少傾向にあるものの，長年にわたってわが国最高のヤマトシジミの漁獲量を維持し続けており，上述した食物連鎖が有効に機能している場であると考えられる．この宍道湖を対象とし，現地観測を主体として自然の物質循環の摂理を学び，さらにその浄化力を高める手法を考察することを目標としたプロジェクトが1994年度から5ヶ年計画で行われた[5]．このプロジェクトではヤマトシジミ以外の魚介類や海藻草類を含めて，生物の湖沼からの採り上げや利用促進による水質浄化効果が検討された．同プロジェクトの中で，筆者は特にヤマトシジミに着目し，その働きによる自然浄化の機構を理解し，物質循環過程を把握することを目標とした．本章は，筆者が直接かかわった本プロジェクトの成果や，環境省による湖沼総合レビュー調査[6]など，関連した調査結果を概説するものである．

§2. 宍道湖の水質環境・生態系の変遷

2・1 宍道湖の地理的概要

　宍道湖は島根県東部に位置し，湖面積80 km^2，平均水深4.5 mの浅い汽水湖沼である（図8・2）．平面的には東西16 km，南北6.2 kmの東西に長い矩形状であり，また，湖盆は単純な盆状の形状をとる．宍道湖は，ほぼ同程度の面積を有する中海との連成湖沼であり，宍道湖の東部から大橋川が中海に通じ，さらに中海は境水道を通して日本海につながっている．日本海から海水が中海・大橋川を通して宍道湖に間欠的に流入することで，宍道湖の汽水条件が維持されている．中海の潮位変動に比べて宍道湖のそれは極めて微弱であり，通常の潮汐（天文潮）では宍道湖に塩水は遡上しない[7]が，日本海側での低気圧の通過など，気象要素による潮位の上昇によって，間欠的な遡上が見られる．塩分はこのような気象条件や斐伊川流量の影響を反映して変動するが，平均的には宍道湖で海水の約10分の1程度，中海の表層で海水の半分程度の塩分である．中海では強固な塩分成層が通年見られ，夏季には貧酸素水塊が長期にわたって継続するのに対して，宍道湖では塩分遡上が間欠的であり，塩分の成層化（躍層の位置は湖底から数十cm～1 m程度）と風による混合（ほぼ全水深が一様化する）が交互に繰り返されている．

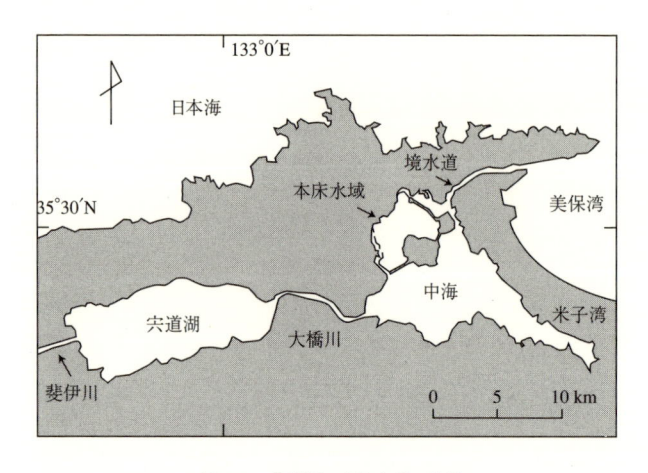

図8・2　宍道湖・中海水系の位置

2・2 宍道湖の水質環境の変遷

　宍道湖は，洪積世以降の海水位の変動，流入する斐伊川の河道の変遷により，塩分環境が歴史的に大きく変わったとされているが，湖底に堆積したイオウ成分の分析などから，全くの淡水湖となったことはないようである[8]．近年の斐伊川の河道の固定化により，近世以降は湖沼西部の干拓を除いて大きな地形の変化は見られない．ただ，昭和初期の大橋川の開削によって塩水が遡上しやすくなり，高塩分化や，それに伴うヤマトシジミ生息域の拡大があったといわれている．一方，中海では戦後に一部で大規模な干拓が行われ，干拓が行われなかった場所でも締め切り堤の建設によって大きく地形条件と流動環境が変化した．中海の干拓は事実上中止され，締め切り堤などの今後の活用が議論されている．また宍道湖においても，大橋川が洪水疎通能力の面で限界があることから，大橋川の拡幅など，斐伊川の放水路と併せた洪水対策事業が検討されており，災害対策と自然環境の保全，自然を利用した水産との共存や今後の環境修復の必要性など，古くて新しい課題が依然として残っている．

　宍道湖の外部負荷の変遷をたどることは，必ずしも容易ではない．湖沼保全計画が立てられはじめた1984年以降は継続した水質調査がなされているが，集水域の開発が最も進んだ戦後直後からの変遷は，明らかではない．筆者ら[9]は，戦前まではし尿などの再利用が行われていたが，戦後は化学肥料化の進展に合わせて再利用がなくなったと仮定し，負荷量の長期的な変化を推定している．すなわち，水田・畑への肥料としては，農作物の作付け面積に関するデータから必要な肥料の量を予め推定しておき，化学肥料の投入量と生活系の農地還元量を主とし，不足分を畜産系の農地還元で補うものと仮定して推定した．

　その結果を図8・3に示した．宍道湖・中海流域におけるCOD排出負荷量は，昭和20～40年代に緩やかに増加したものの，昭和60年代以降は減少傾向にあり，近年は生活系，事業場系の負荷量が減少しているようである．TN排出負荷量は，昭和20～30年代に増加し，以降は減少傾向が見られる．昭和20～30年代に生活系が大幅に増加したと推定されたが，これは水田・畑における化学肥料消費量の増加にともない，人のし尿の農地還元量が減少したためである．TP排出負荷量は，昭和20～40年代に大幅に増加しており，この原因には合成洗剤使用量の増加や人のし尿の農地還元量の減少が考えられた．この

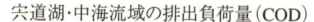

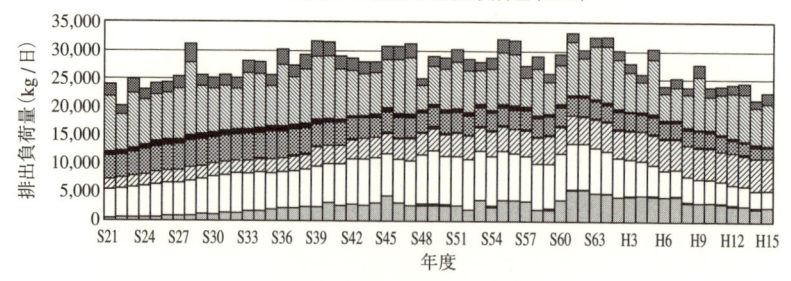

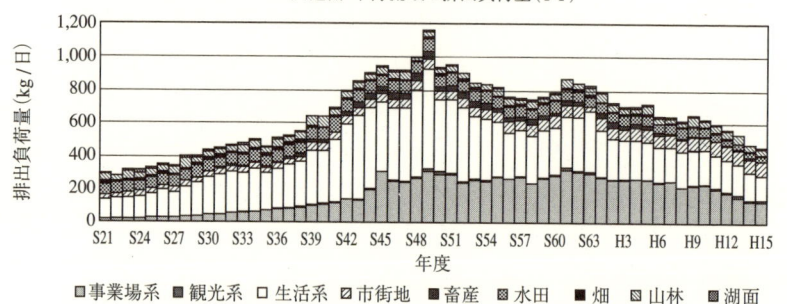

図8・3 宍道湖における戦後からのCOD, TN, TPの負荷量の推移[9]

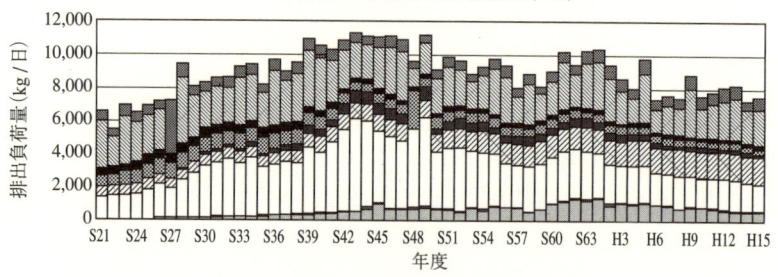

ように,宍道湖・中海流域の負荷量の増減には,生活系などの人為系負荷の変化のほか,肥料が戦後化学肥料へ転換した影響が大きいと考えられた.

負荷の変化を受け,湖沼での水質や生態系はどのように応答してきたのだろうか.湖沼レビュー調査報告書[6]は,島根県保健環境科学研究所の調査データを基に,以下のように水質の変動特性をとりまとめている.すなわち,近年の負荷量の減少傾向にもかかわらず,宍道湖湖心上層の年平均COD濃度は1984

年以降長期的な変化の傾向は見られない．年度によりその濃度変化はあるが概ね4〜5 mg / l の範囲で変動しており，1995年以降は4 mg / l を少し上回る値で推移している．全CODに占める溶存態と懸濁態の割合を見ると，表層および下層とも60〜70％が溶存態で占められており，懸濁態の占める割合は30〜40％にすぎない．すなわち，現在の宍道湖では溶存態CODの挙動解明が重要であり，懸濁態CODの影響が相対的に低くなっている．このことは従来の富栄養化防止を目的とした窒素リンの削減対策に加えて，溶存態CODについても対策を考える必要性を示している．宍道湖における溶存態CODの生物分解性についてはほとんど解明されていないが，他の湖沼の例から見るとその大半は生物学的に難分解性のものと見るのが自然であろう．生物学的に難分解性であるということは濃度変動が少ないことを示しており，別の見方で言えば，CODを指標とした水質評価は非常に感度が低いということになる．CODを中心とした現在の湖沼水質評価が，どの程度湖沼の環境変化を表現することができるのか，生態系の変化などとの関連で明らかにしていく必要がある．また，TN・TPについても1984年以降長期的な変化の傾向は見られない．TPの短期的な変動については，貧酸素化の影響が強い．夏季には顕著に底層のTPが増加すること，特に貧酸素が継続した場合にその傾向が強いことから，湖底堆積物からの内部負荷の影響を強く受けて変動していることがわかる．

2・3 生態系の変遷

戦後における富栄養化以前からの，長期にわたる宍道湖の生態系の変遷を包括的に示す指標は見あたらないが，漁獲量データなどから，その様子を推定したみたい．漁獲量データのみから生態系を推定するのは，当然ながら限界がある．すなわち，漁獲量データそのものの信頼性の問題のほかに，漁獲量の動向は資源量とは必ずしも一致せず，その時々の社会経済的条件（全国的な需要と供給のバランスや，それをまかなう流通の条件など）に支配されるからである．ヤマトシジミについても，利根川のシジミ漁獲量の大幅な減少や，冷凍車による全国規模での流通が可能となったことなどが，当時の需要の伸びにつながっている[1]．しかしながらその後の漁獲量の増減は，相当程度資源量を反映したものとなっていると考えられる．

最近，平塚ら[10]の調査によって，中海では1955年くらいまで大規模なアマ

モ場が広がっており，それらは大量に刈り取られて肥料として利用されていたことが明らかにされた．刈り取りによる窒素・リンの回収量は，現在の中海への負荷のそれぞれ5.3 %，および11 %となることから，大規模な回収システムが社会的に機能していたことが示されている．一方，宍道湖では，抽水植物がやはり湖底を覆うように繁茂していたが，昭和30年代初め頃には急激に消滅したようである[11]．その原因を巡っては，富栄養化によるもの（栄養塩の流入により次第に一次生産者の主体が植物プランクトンへと交替した），農薬や除草剤の流入による枯死，シジミ漁の拡大に伴う藻場の衰退など，さまざまに推定されている．

§3. 宍道湖における水質・物質循環に関する観測
3・1 ヤマトシジミと植物プランクトンの分布

宍道湖における植物プランクトンの現存量はヤマトシジミの捕食圧によって，いわゆるトップダウン的に決まっていると考えられ，空間的・時間的な変動についても際だった特徴が現れる．まず空間的には，沿岸部のクロロフィルa濃度は湖心部のそれに比較して常に低いことが知られている[12, 13]．これはヤマトシジミが沿岸部にのみ集中して生息しており，その捕食圧を反映しているためであると考えられる（図8・4）．ヤマトシジミは砂質や砂泥質を好むため，

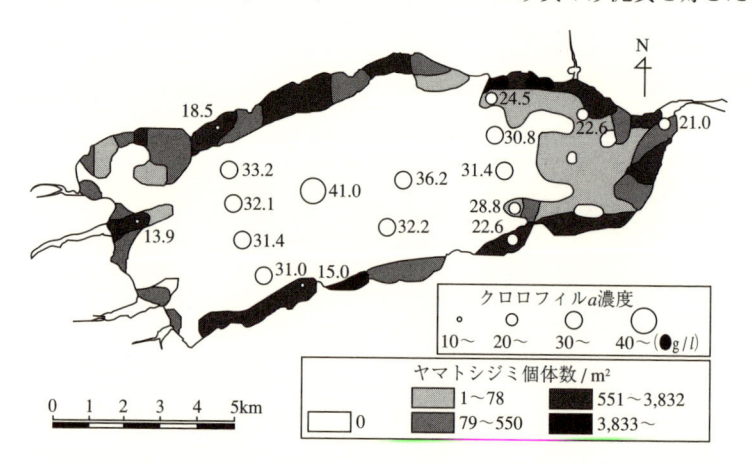

図8・4 宍道湖におけるヤマトシジミの生息密度分布と表層水中のCh.a濃度の分布例
（文献[1, 12]を基に作成）

その生息域は湖底の底質によってほぼ規定されている[14]．宍道湖の場合，水深約4 m以深の底質はシルト分の割合が高く，かつ夏季には貧酸素化が進行しやすいためにヤマトシジミがほとんど生息していない[4]．次に，時間的な変動の特徴であるが，沿岸部のクロロフィルa濃度はしばしば明瞭に日周期変動する．特に風が弱まる夜間から早朝には，クロロフィルa濃度が低くなり，逆に日中から夕刻にかけて高いことが知られている．この現象には夜間の水面冷却に伴う自然対流による鉛直混合が関係しており，鉛直混合が強まればヤマトシジミによる微細藻類の捕食が効率よくおこるためであると考えられている[13, 14]．

3・2　水質の水平分布に関する観測

　ヤマトシジミの生物代謝の影響を受けた水質の構造を調べるために，筆者らは河川流入や流出の直接の影響がほとんどない湖の中央部で，岸に直角な南北方向の断面で観測を行ってきた．ここでは1997年夏季に実施した観測結果の概略を記す[15, 16]．

　ヤマトシジミの生息域が湖岸部に限られることから，図8・5に示すように，岸近くでは特に間隔が密になるように，合計9つの測点を設けた．観測期間は

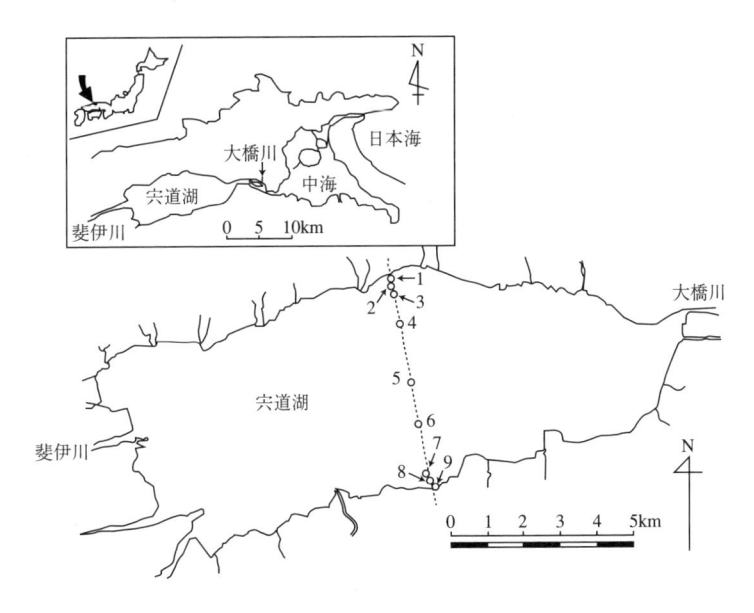

図8・5　宍道湖における現場観測地点[16]

1997年8月6日18時から8月8日12時までの42時間であり，約6時間間隔で計8回断面の計測を行った．測定項目は水温・塩分・溶存酸素濃度・栄養塩（NH_4-N, NO_3-N, NO_2-N, PO_4-P）濃度・クロロフィルa濃度・SSであり，日中はこのほかに水中照度を計測した．また，図のStn.2, 3および5の測点の，それぞれ3層の深度において，一次生産速度の現場測定（24時間酸素法）を，8月7日6時からと同8日6時からの2回行った．観測期間中のうち8月6日から8日未明まで曇天または一時的に降雨が見られたが，最終日の8日午前中から晴天となった．風は8日11時以降を除いて2〜3 m/秒程度の微風であった．観測期間中明瞭な塩分成層は認められなかった．

図8·6に，観測期間後半にあたる8月8日6時における，クロロフィルa・溶存酸素・アンモニアおよびリン酸態リン濃度の鉛直断面分布を示した．観測

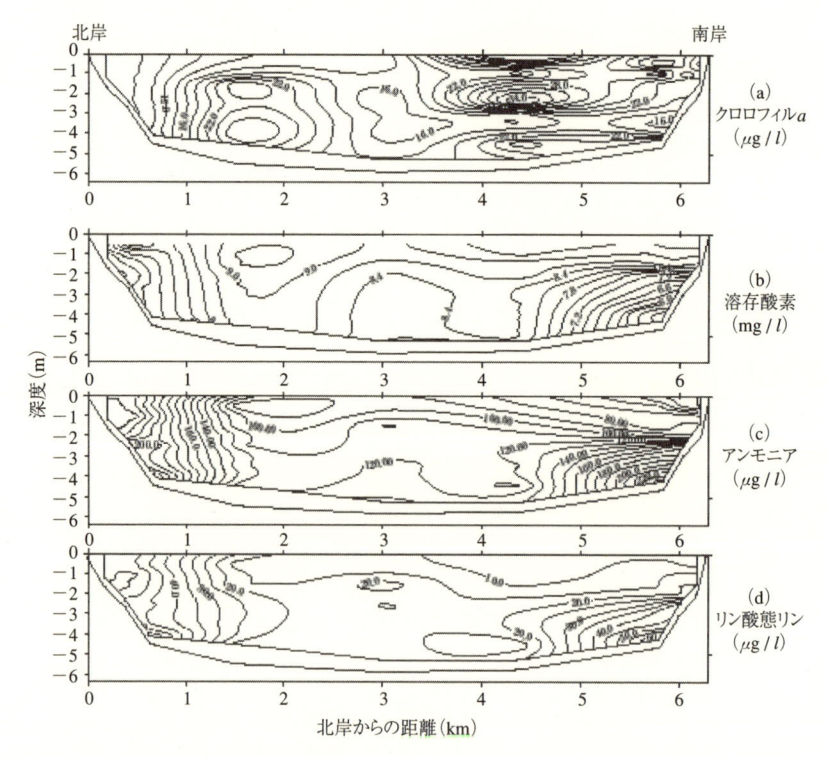

図8·6　(a) クロロフィルa, (b) DO, (c) NH_4-N, (d) PO_4-Pの鉛直断面分布例[16]．1997年8月8日6時における観測結果を示す．

の結果，南北横断方向の分布について，いくつかの際だった特徴が観測された．

まず，クロロフィル a（図8・6a）は，沿岸部で値が顕著に低く，沖合い側が高いという特徴的な分布をとっていた．沿岸の低濃度域は，明らかにヤマトシジミによる捕食を反映しているものと考えられる．詳細に検討すると，クロロフィル a の極大は湖心ではなく，岸から1.5ないし2 km離れた地点の，亜表層で観測された．湖心での値はそれらの地点での値よりもやや低く，極小値をとっていた．また，南岸部の濃度の低下は北岸部に比べてそれほど顕著ではなかった．

溶存酸素濃度の分布（図8・6b）はクロロフィル a の分布に類似しており，沿岸ほど低濃度，沖合い側で高濃度であり，濃度の極大域は湖心と岸の中間的な地点に存在した．また，完全ではないが，クロロフィル a の分布よりも南北の対称性がより明瞭であった．沿岸部の低濃度域の形成にはヤマトシジミの呼吸が反映しているものと考えられた．

アンモニアおよびリン酸態リン濃度の分布（図8・6c, d）は互いに極めて酷似しており，また，クロロフィル a や溶存酸素濃度分布を反転させたような分布であった．すなわち，沿岸部ほど濃度が顕著に高く，沖合い側で低い分布をとった．また，それらの栄養塩濃度の極小域は湖心ではなく，クロロフィル a や溶存酸素濃度の極大域とほぼ一致した．分布は南北方向に完全に対称ではなく，南岸では水深約4 mの地点で極大域が認められた．沿岸の高濃度域は，ヤマトシジミの排泄を反映しているものと考えられた．

8日6時から翌日6時まで測定した一次生産速度は，岸からやや離れた（約600 m）Stn.3において最大で，最も岸よりのStn.2で最低であった．岸近傍で極小となるのは，ヤマトシジミの捕食活動によってもともとクロロフィル a 濃度が小さいことを反映しているものと考えられる．また，Stn.3はクロロフィル a 濃度や栄養塩濃度が水平方向に急変する濃度フロントのような位置にあり，沿岸水と沖合い水が接する地点であると言える．このことは，植物プランクトンにとってはヤマトシジミが排泄した栄養塩類を摂取しやすい位置にあると考えられ，栄養塩利用性が光合成速度を高くしている原因ではないかと推察された．

以上述べた水質の空間分布の観測結果を総合すると，ヤマトシジミの懸濁物

捕食作用および栄養塩の排泄作用により，沿岸部には植物プランクトン（クロロフィルa）が低濃度で，かつ栄養塩が高濃度の領域が形成されていることがわかった．さらに，沿岸部と沖合い部において，ヤマトシジミの餌となる植物プランクトン濃度が顕著に異なり，またヤマトシジミが排泄した栄養塩は植物プランクトンに再利用されることから，水平方向の移流・混合が湖の物質変換と食物連鎖に深く関与していることが示唆された．

3・3 水質の日周変動に関する観測—循環流と食物連鎖—

水平方向の移流や物質輸送を主に担っているものは何であろうか．風波の発達したときの宍道湖の水は懸濁物で濁り，活発な物質輸送があると考えられる．では，風のない静穏な時期には水平方向の物質の輸送は生じていないのであろうか．このことを確かめるために，筆者らは典型的な夏の気象条件下での観測を実施した[13]．ここでは，その結果の概略を述べる．

観測地点は，図8・5に示した水平分布観測における観測地点とほぼ重なるが，北岸から約2 kmまでの北岸部周辺に絞った調査を実施した．観測日は1996年8月1日18時から8月3日13時まで，ほぼ6時間おきに水質の水平・鉛直分布を調べた．測定項目は，水温・塩分・深度・クロロフィルaおよび溶存酸素濃度である．また，一部のサンプルについては植物プランクトンの種と個体数を計測した．

図8・7に，観測後期の水温・クロロフィルa・溶存酸素濃度の結果を示した．まず水温の分布を見ると（図8・7a），昼間には弱い水温成層が形成されるが夕刻から次第に日成層が解消する．夜間冷却とともに深さ方向に水温が一様になりながら水温が低下するが，水温低下は沿岸部ほど早い．これは，地形性貯熱効果の1つであり，水深の大小が見かけの水塊の熱容量の大小につながることから生じるものである．日の出以降，再び昼頃までに弱い水温成層が形成され，水温の水平分布は一様に近づく，というパターンが繰り返される．夜0時および朝6時の水温分布を見ると，沿岸の低温域は底面に沿いながら沖合いに貫入していることがわかる．これは，convective circulation（対流的循環流）と呼ばれる対流を伴った鉛直循環流を示している．水深約4.5 m付近には塩分差の大きい密度躍層があり，冷水塊はこの躍層付近まで侵入している．表層水は冷水塊の流れを補償して沖側から岸向きに流れる．

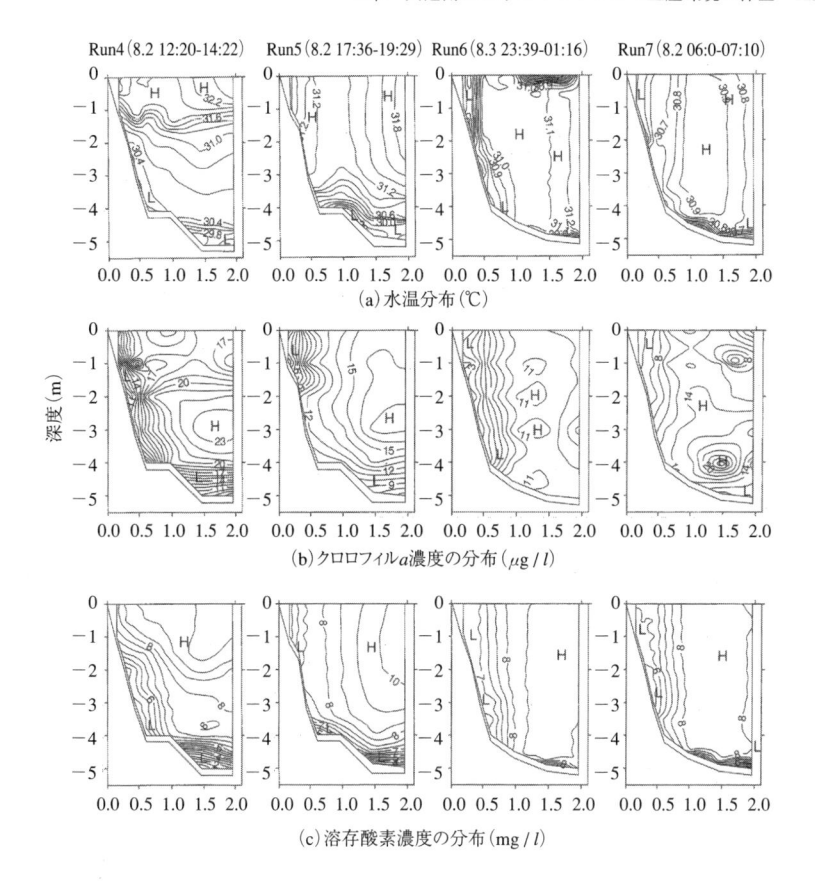

図8·7 北岸部における水質の日周変動観測結果[13].
(a) クロロフィルa, (b) DO, (c) 水温

図8·7bにクロロフィルaの分布を示した．日中は表層クロロフィルa濃度は水平方向にあまり顕著な差がなく，最も岸よりの地点を除いて15μg/l以上と，高い値を示している．その後，夕方から夜間にかけて，低いクロロフィルa濃度の領域が岸側から発達する．5μg/l以下の低濃度領域は深夜に最大となった．この低濃度領域の形成と拡大は冷水塊の形成・拡大のパターンに酷似しており，冷水塊の広がりと同じようにクロロフィルa濃度の低い水塊が底面に沿いながら沖向きに広がっている．

溶存酸素濃度の分布（図8·7c）は，クロロフィルa濃度の分布と基本的に

類似していた.昼間は光合成のため特に沖合いで高濃度で過飽和となるが,夜間は呼吸のため低下する.クロロフィルa濃度の分布を反映して沖合いで高濃度,岸付近で低濃度である.シジミの生息域の溶存酸素濃度は相対的には低濃度であるものの,最低でも5 mg / l存在し,シジミの生理活性に悪影響が生じるほどではなかった.また,沖合いでは,水深4.5m付近に存在した強度な塩分成層のため深層水は貧酸素化していた.

以上の水質の特徴的な日周変動パターンを総合すると,水塊の動きおよびクロロフィルaの減少の機構を以下のようにまとめることができる.まず,昼間日射によって水温が上昇するが等温線は表層でほぼ水平であり,光合成によってクロロフィルa濃度,溶存酸素濃度ともに高くなる.夜間の冷却によって鉛直混合が次第に活発化すると,沿岸部のクロロフィルa濃度が顕著に減少しはじめる.これは,植物プランクトンや懸濁物が水深方向によく混合し,ヤマトシジミに摂食される効率が高まるためであると考えられる.また,水深の浅い沿岸部ほど早く冷却されるため水平方向に水温差に起因した圧力差が生じ,底層水は沖側に,表層水は岸側に向かう循環流が生じる.循環流によって,シジミの摂食や排泄の影響のある低クロロフィルa濃度・高栄養塩濃度の水塊が沖合いに侵入し,逆に沖合いの高クロロフィルa濃度・低栄養塩濃度の水塊が岸向きに流入する.このような鉛直循環流は,餌となるクロロフィルをシジミの生息する沿岸部に輸送するとともに,シジミの排泄した栄養塩を沖合いに輸送して植物プランクトンの成長を促進する役割をはたしているものと考えられる.図8・8に,模式的に対流的循環流とこれら食物連鎖の関連をまとめた.

観測された夜間のクロロフィルa濃度低下速度から,ヤマトシジミの摂食速度ならびに濾過速度を推定した.その結果,得られた

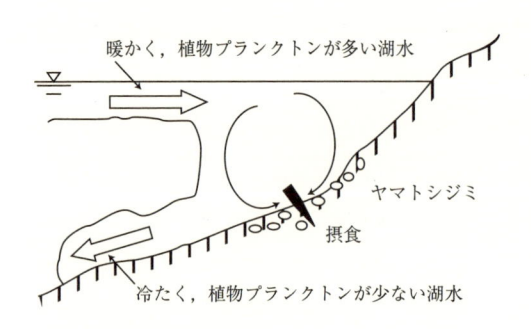

図8・8 対流的循環流と植物プランクトン・ヤマトシジミの相互作用の関連性

濾過速度が，室内実験系で測定された値に極めて近いことが見いだされた[13]．このことからも，水温分布から推定された循環流が植物プランクトンとヤマトシジミの相互作用に深く関与していることが結論できる．筆者ら[17]は宍道湖の水平並びに湖底地形を忠実に再現した三次元流体力学モデルにより，流れを生じさせる原因となる外力としては湖面からの熱収支のみを与えた数値計算を行い，夜間の熱放射に起因する上述した循環流が形成・維持されることを示した．北岸の湖底地形は南岸側よりも緩傾斜となっており，そのことが流れや水温・水質の南北やや非対称な分布を生じてさせていることが，数値解析によって示されている．

§4．モデルによる解析
4・1　一次元簡易数理モデルによる水質解析
1） モデルの概要

宍道湖は平均水深が約4.5 mの浅い湖であり，塩水の大規模な侵入後の塩分成層化を除けば，水深方向に水質はほぼ一様であるが，ヤマトシジミによる代謝の影響を受けて，沿岸部の水質は沖合いとは際だって異なるという特性をもっている．筆者らは，この特性を利用して，沿岸から沖方向の水質の変化を記述できる水平一次元モデルを考えた[16]．上述の現地観測の場合と同様に，岸沖方向（南北方向）の水質分布や，それにかかわる植物プランクトンとヤマトシジミの相互作用を考慮する．モデルの変数は植物プランクトン（P），アンモニア（A），およびヤマトシジミ（B）の3変数である．素過程としては，植物プ

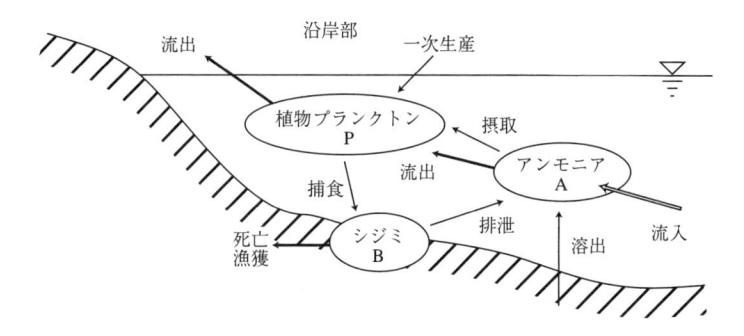

図8・9　モデルの変数と素過程[16]

ランクトンの一次生産，ヤマトシジミによる植物プランクトンの捕食，植物プランクトンの枯死・沈降，シジミの死亡・漁獲による除去，シジミによるアンモニアの排泄，底泥からの溶出，水平方向の分散および河川からの流入・流出を考慮した．モデル変数と素過程との関係を図8・9に示した．

植物プランクトン（クロロフィルa）濃度（P），アンモニア態窒素（A），およびヤマトシジミの生物量密度（B）に対する保存式，および式中のパラメータの意味と計算に用いた値を表8・2および8・3に示した．これらの値は，可能な限り，宍道湖で観測されている値（一定値）を用いた．但し，シジミの濾過速度（F），排泄速度（E）および植物プランクトンの増殖速度（P_{max}）の3つのパラメータについては，それらの水温依存性が報告されている[1, 4)]ので，水温に依存した関数形で与えた．水温については，過去5年間，島根県保健環境科

表8・2 一次元モデルの基礎式[16)]

$$\frac{\partial P}{\partial t} = \frac{1}{h}\frac{\partial}{\partial x}(hD_x\frac{\partial P}{\partial x}) + \frac{A}{K_m+A}P_{max}P - k_dP - (\gamma F/h)PB - P/\tau \quad (1)$$

$$\frac{\partial A}{\partial t} = \frac{1}{h}\frac{\partial}{\partial x}(hD_x\frac{\partial A}{\partial x}) + \alpha\frac{A}{K_m+A}P_{max}P + (\gamma E/h)B + R/h + (A_{in}-A)/\tau \quad (2)$$

$$\frac{\partial B}{\partial t} = k_bB + (\alpha\beta_1\beta_2\gamma F)BP \quad (3)$$

表8・3 モデルパラメータの意味と計算に用いた数値[16)]

P_{max}	:	植物プランクトン一次生産速度定数＝0.2／日
K_m	:	NH_4に対する半飽和定数＝0.014 g／m^3
k_d	:	植物プランクトン死滅定数＝0.08／日
γ	:	シジミ軟体部重量比＝0.0223 g dry flesh／gwwt
F	:	シジミ濾過速度＝0.12 m^3・g dry／flesh／日
E	:	NH_4排泄速度＝0.003gN・g dry／flesh／日
k_b	:	シジミ死亡（＋除去）速度定数＝3.0×10^{-3}／日
α	:	植物プランクトン窒素／Chl.a比＝6.3 gN／gChl.a
β_1	:	シジミの窒素同化効率＝0.45
β_2	:	シジミの窒素含有比＝0.46×10^3 gwwt／gN
R	:	NH_4溶出速度＝0.04 g／m^2／日
A_{in}	:	河川からの流入NH_4濃度＝0.0035 g／m^3
D_x	:	水平方向分散係数＝8.6×10^4 m^2／日
τ	:	河川水の滞留時間＝103 日

学研究所で毎月定点観測されている観測値[19]をもとに，1年周期の正弦関数で近似して入力データとして与えた．また，流入流量およびアンモニアの負荷は，Ishitobiら[20]をもとに，一定値を与えた．

2）解析の結果と考察

宍道湖で観測されているパラメータの代表的な値を用いて数理モデルを検証した．比較のためのデータとしては，ヤマトシジミの生息密度に関しては，Nakamuraら[4]が宍道湖全域で詳細に調査した生息分布調査結果があり，水深別に平均化された生息密度の値を用いた．クロロフィルaおよびアンモニア濃度に関しては，§3．で述べた湖の横断面連続観測の結果のうち，湖心から北岸側の観測値を測点ごとに平均化して用いた．

モデルによる計算結果を図8・10に示した．パラメータの値を季節的に変化させると，解は1年周期の周期解を示した．計算結果はこの湖の水質の特徴である，沿岸部クロロフィルa濃度が沖合い部のそれに比べて低いこと，栄養塩濃度は沿岸部の方が高い，という事実をよく説明しているが，特に夏季の方が水平方向の濃度差は顕著である．湖心部のプランクトン濃度が沿岸部の濃度の2～4倍であるという結果は，§3．で述べた観測結果にほぼ一致する．また，夏季にはクロロフィルa濃度が湖心と湖岸の中間付近で極大をとるという観測事実をうまく再現している．以上の事実は，シジミが濾過作用によって植物プランクトン濃度を下げていると同時に，シジミによる排泄によって供給された栄養塩が植物プランクトンの一次生産を促進しているということを示唆する．冬季にはクロロフィルaの極大域は現れないため，特に生物代謝速度の高い夏季において，植物プランクトンとヤマトシジミの相互作用に基づく栄養塩の循環が，沿岸に近接した領域を中心として速い速度で回転していることがわかる．アンモニア濃度はシジミによる排泄の影響を受け，沿岸部で顕著に高くなっている．計算結果は湖心部で観測値を過小評価する傾向があるが，昨年度の現地観測時は通常の夏季よりも河川流量がかなり多く，アンモニア濃度がかなり高かったことを考慮すれば，結果は合理的な範囲内にあると考えられる．

以上の数値解の結果から，植物プランクトンおよび二枚貝が一次・二次生産を支配する水域の特性は，このような簡易モデルでも基本的に表現されるものと考えられた．

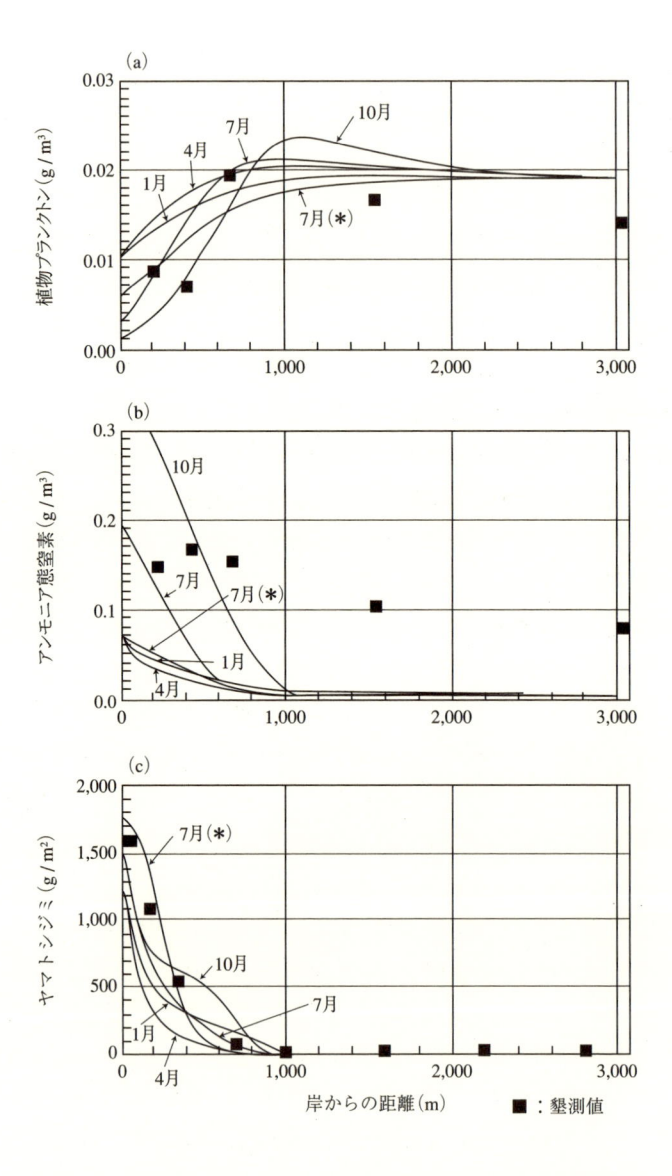

図8・10　クロロフィルa，NH$_4$-N およびヤマトシジミの分布の計算結果と観測値の比較（7月（＊）は分散係数を2倍にした結果）[16]

4・2 生態系モデルによる解析

1）生態系モデルの概要

前節では，簡易な一次元モデルの解析により，岸沖方向の水質分布の形成にヤマトシジミがいかに関与しているのかを示した．そこでは，物質循環過程を極めて単純化しており，面的な水質の分布を取り扱うことはできない．また，負荷量や気象，流動などの外的要因によって湖沼のシステムがどう応答するか，隣接する中海の生態系との物質循環構造の違いは何か，などの課題にも答えることはできない．この課題に対して，中田ら[21, 22]は宍道湖・中海連成系の流動場と生態系シミュレーションを行った．モデル変数は，植物プランクトン・動物プランクトン・デトライタスおよび溶存態有機炭素からなる低次生態系モデルであり，酸素，炭素，窒素およびリンの循環を調べることができる．本モデルでは，さらに，それぞれの湖沼に優占的に生息する二枚貝（ヤマトシジミおよびホトトギス貝）の効果を調べるために，その現存量の季節変化測定値，および水温に依存した代謝速度（濾過速度，呼吸速度，排泄速度）の実験値[2, 23]を入力値としている．モデルの水平分解能は250～500 mメッシュ，鉛直方向には5層の分割をおこなった．計算の対象としたのは，プロジェクトによる観測や測定を密に行った1995年であり，3月から9月末までの計算を実行した．詳細なモデルの構造やパラメータの設定については，中田ら[21, 22]を参照されたい．

2）主要な結果と考察

モデルによる計算結果が，実測の水質をほぼ良好に再現していることを確認した後に，二枚貝の代謝の影響を評価する目的で，前述の二枚貝が存在する場合と存在しない場合の比較解析を行っている．結果をクロロフィルa・DO・アンモニア態窒素・リン酸態リンで比較した．これによると，二枚貝の存在により，両方の湖沼でクロロフィルa濃度が顕著に減少する．DOについては，宍道湖の場合にはヤマトシジミの呼吸が加わるにもかかわらず，湖心での酸素濃度に影響は見られなかった．一方，アンモニア態窒素やリン酸態リンについては，二枚貝の存在するケースの方が，夏季における濃度ピーク時での濃度が低下した．二枚貝存在下では，二枚貝の排泄による栄養塩供給が増えるものの，クロロフィルa濃度が減少するために，植物プランクトンやデトライタスの分

解で供給される栄養塩量が減少した効果の方が大きかったためである．このような結果からは，二枚貝を中心とした底生生態系の活性化によって，湖沼の栄養が高次の生物に行き渡りやすいシステムができることがわかる．

§5. 沿岸海域の修復への提言

本章は，汽水湖沼である宍道湖に大量に生息するヤマトシジミが，どのように湖内の水質分布や物質循環機構を変化させているかに関して，現地観測や数理モデルによって調べた成果を，既報の文献[24, 25, 26]を再整理してまとめたものである．ヤマトシジミは宍道湖の浅い沿岸部にのみ生息しているため，湖内水質の水平分布には顕著な特徴が表れる．すなわち，クロロフィル濃度に代表される植物プランクトンや懸濁物質濃度は沿岸部で少なく沖合いで高濃度である．これはヤマトシジミの活発な濾過作用によるものである．逆に栄養塩濃度は沿岸部で高く沖合いで低いが，これは沿岸部におけるヤマトシジミの排泄と沖合いでの植物プランクトンによる栄養塩摂取の影響である．さらに，比較的静穏な気象条件下では沿岸部の水質は明瞭な日周変動を示し，夜間から早朝にかけてクロロフィル濃度が減少し透明度が増すが，日中は再び懸濁物濃度が増加する．湖岸部の連続観測から，夜間の冷却に伴う鉛直対流が植物プランクトンや懸濁物をヤマトシジミに効率よく供給していること，さらに地形性貯熱効果によって沿岸部と沖合い間に循環流が発生し，植物プランクトンがヤマトシジミが生息する沿岸に供給されるとともに，ヤマトシジミが排泄した栄養塩が沖合いに運ばれて植物プランクトンの成長を促進していることが明らかになった．以上のことから，湖内の流れと食物連鎖を通した物質循環が密接に関連し合って，自然の浄化作用が機能していることなど，興味深い知見が得られた．

ヤマトシジミの生息場としての多くの汽水湖沼と，アサリの生息場としての沿岸海域には，塩分環境の違いによる主要構成生物の違いはあるものの，生態系全体の中において，二枚貝を中心とした底生生態系が重要な位置を占めていること，近年富栄養化や生息場の喪失によって生息環境が劣化し，漁獲量の減少という問題を抱えていることなど，共通の特性と課題がある．したがって，本研究のような宍道湖の個別研究も，より幅広く沿岸海域の生態系の劣化の機構を理解し，さらに生態系の修復を考える上で，参考となる情報を含むものと

考えられる.例えば,貧酸素水塊の発達は生物生息場を狭め,生態系劣化の負のスパイラルといわれる一連の過程,すなわち栄養塩供給の増大,それによる植物プランクトンの増殖,それらの死骸の沈降などによる酸素消費の増大,底層水の貧酸素化,貧酸素環境での堆積物からの栄養塩溶出の増大,浮遊生態系への栄養塩供給によるさらなる植物プランクトンの増大をもたらしてきた.逆に,有光層以浅の水域を量的に拡大し,質的に修復することは,二枚貝などの底生生態系による浄化を促進し,植物プランクトンの異常増殖を抑制し,湖沼や沿岸海域の深い領域への有機物沈降フラックスを減少させ,貧酸素の拡大を抑え,良好な生物生息場を維持・拡大する,といった健全な生態系回復のスパイラルに転換させる働きが期待される.

文献

1) 中村幹雄:汽水湖の生物と漁業,アーバンクボタ,32,14-23(1993).
2) 山室真澄:感潮域の底生生物,西條八束・奥田節夫編「河川感潮域」,名古屋大学出版会,1996,pp.151-172.
3) 山室真澄:食物連鎖を利用した水質浄化技術,化学工学,58,217-220(1994).
4) M. Nakamura, M. Yamamuro, M. Ishikawa, and H. Nishimura: Role of bivalve *Corbicula japonica* in the nitrogen cycle in a mesohaline lagoon, *Mar. Biol.*, 99, 369-374 (1988).
5) 山室真澄ほか:富栄養化湖沼における食物連鎖を利用した水質浄化技術に関する研究,平成10年度国立機関公害防止等試験研究成果報告書,49-1,49-31(1999).
6) 湖沼総合レビュー調査宍道湖・中海班(代表:相崎守弘),平成16年度湖沼水質保全対策・総合レビュー検討調査報告書,2005,408 pp.
7) 藤井智康・奥田節夫:中海・宍道湖における連係振動—解析解に基づく理論的考察,陸水学雑誌,56,291-296(1995).
8) Y. Sampei, E. Matsumoto, T. Kamei, and T. Tokuoka: Sulfur and organic carbon relationship in sediments from coastal brackish lakes in the Shimane peninusula district, southwest Japan, *Geochem. J.*, 31, 245-262 (1997).
9) 中村由行・石野 哲・高尾 彰:宍道湖・中海水系への汚濁負荷量の長期的な変遷について,第40回日本水環境学会年会講演集,2006, p.117.
10) 平塚純一・山室真澄・石飛 裕:アマモ場利用法の再発見から見直される沿岸海草藻場の機能と修復・再生,土木学会誌,88,79-82(2005).
11) M.Yamamuro, J.Hiratsuka, Y. Ishitobi, S. Hosokawa, and Y. Nakamura: Ecosystem shift resulting from loss of eelgrass and other submerged aquatic vegetation in two estuarine lagoons, Lake Nakaumi and Lake Shinji, *J. Oceanogr.*, 62, 551-558 (2006).
12) 作野裕司・高安克巳・松永恒雄・中村幹雄・國井秀伸:宍道湖における衛星同期水質調査,*LAGUNA*, 3, 57-72 (1996).
13) 中村由行・F. Kerciku・井上徹教・柳町武志・石飛 裕・神谷 宏・嘉藤健二・山室真澄:汽水湖沼沿岸部における水温・水質

構造の日周変化, 水工学論文集, **41**, 469-474 (1997).

14) M. Yamamuro, M. Nakamura, and H. Nishimura: A method for detecting and identifying the lethal environmental factor on a dominant macrobenthos and its application to Lake Shinji, Japan, *Mar. Biol.*, **107**, 479-483 (1990).

15) M. Yamamuro, and I. Koike: Diel changes of nitrogen species in surface and overlying water of an estuarine lake in summer: Evidence for benthic-pelagic coupling, *Limnol. Oceanogr.*, **39**, 1726-1733 (1994).

16) 中村由行・F.Kerciku, 二家本晃造・井上徹教・山室真澄・石飛 裕, 嘉藤健二:二枚貝が優占する汽水湖沼の水質のモデル化, 海岸工学論文集, **45**, 1046-1050 (1998).

17) 中村由行・F.Kerciku, 井上徹教・二家本晃造:汽水湖沼におけるヤマトシジミの水質浄化機能に関するボックスモデル解析, 用水と廃水, **40**, 18-26 (1998).

18) 中村由行・奥宮英治・中山恵介:湖沼の平面的な水塊分布構造に及ぼす水表面熱収支の影響, 海岸工学論文集, **48**, 1051-1055 (2001).

19) 嘉藤健二・神門利之・景山明彦・芦矢亮・石飛 裕:宍道湖・中海水質調査結果(平成8年度), 島根衛生公害研報, **38**, 111-114 (1996).

20) Y. Ishitobi, M. Kawatsu, H. Kamiya, K. Hayashi, and H. Esumi: Estimation of water quality and nutrient loads in the Hii River by semi-daily sampling, *Jap. J. Limnol.*, **49**, 11-17 (1988).

21) K. Nakata, F. Horiguchi, and M. Yamamuro: Model study of Lakes Shinji and Nakaumi − a coupled coastal lagoon system, *J. Mar. Sys.*, **26**, 145-169 (2000).

22) 中田喜三郎・山室真澄:閉鎖性沿岸域の生態系と物質循環【最終回】宍道湖・中海を対象とした生態系モデル−懸濁物食性二枚貝の効果, 海洋と生物, **26**, 267-278 (2004).

23) 井上徹教・山室真澄:閉鎖性沿岸域の生態系と物質循環【9】濾過食性二枚貝ホトトギスガイの呼吸及び懸濁物摂取速度, 海洋と生物, **26**, 62-68 (2004).

24) Y. Nakamura, and F. Kerciku: Effects of filter-feeding bivalves on the distribution of water quality and nutrient cycling in a eutrophic coastal lagoon, *J. Mar. Sys.*, **26**, 209-221 (2000).

25) 中村由行:汽水域における自然浄化機構について−宍道湖を例に−, 水環境学会誌, **22**, 19-22 (1999).

26) 中村由行:閉鎖性沿岸域の生態系と物質循環【10】富栄養化した汽水湖における栄養塩循環と水質分布に関わる懸濁物食性二枚貝の効果, 海洋と生物, **26**, 168-176 (2004).

9章　英虞湾再生プロジェクトの展開と将来展望

松　田　　治*

§1. プロジェクトの全体像とその背景
1·1　今, 英虞湾で何が起きているか?

　伊勢志摩半島の英虞湾を実験海域にして, 非常にユニークな自然再生の試みが進められている. 通称, 英虞湾再生プロジェクトと呼ばれるもので, 中心は, 産・官・学と地元が連携した三重県地域結集型共同研究事業「閉鎖性海域における環境創生」プロジェクトであるが, 背景としては国立公園の中にありながら衰退する英虞湾の自然環境と, このプロジェクトに先行した地元の熱心な取り組みがあった. このプロジェクトでは研究活動が技術開発や行政, 地元の活動とも密接に関係した形で, 英虞湾の現状把握, 陸域・海域を一体化した浅場再生の試みなどが進められている. また, 次世代の育成を視野に入れた環境教育への取り組みや地元志摩市との協働など, 従来の研究スタイルに比べてはるかに幅広く実際的な活動が展開されつつあり, 小規模閉鎖性海域における環境再生のモデルとなりうるものである.

　英虞湾は伊勢志摩国立公園の中心部に位置し, 真珠養殖で名高い他, リアス式の内湾が形作る穏やかな景観は風光明媚で, 周辺にはリゾート施設も多く, 訪れる観光客も少なくない. しかしながら, 実際には, この閉鎖性の強い内湾では汚染の進行が著しく, 具体的には貧酸素水塊や*Heterocapsa*などの有害赤潮の発生, 底質の悪化などが大きな問題となっており, 養殖真珠の生産量や生産額も近年, 低減傾向にある.

　化学的酸素要求量（Chemical Oxygen Demend : COD）の値を指標にして底質の経年変化を見ると, この約25年間に底質が次第に悪化してきたことは明らかで, 実際に湾奥の深みにはいわゆるヘドロ状の汚染泥が蓄積している. 浚渫除去の対象とされるCOD値30 mg / g-dry以上の汚染泥の分布域は約800 haにおよび, これは英虞湾の全面積約2,600 haの約30％を占める. 底質汚染

＊三重県地域結集型共同研究事業「閉鎖性海域の環境創生プロジェクト」

の原因としては，定量的には必ずしも明らかでないものの，流入負荷や真珠養殖の影響，浅場の喪失に伴う自然浄化機能の低下と海水流動状況の変化が主要な要因としてあげられている．いずれにしろ，全体の構図としては有機物の負荷が分解浄化能を上回っているのであり，したがって，有機物の分解を担う自然浄化能の回復や過大な負荷の削減が必要なことを示している．

英虞湾における浅場の喪失や環境改変の影響は，これまで殆ど研究対象とされていなかったが，リアス式の深い入り江の奥部では，埋め立てや環境改変の影響が大きいと推定される．実際に英虞湾を陸岸沿いに回ってみると，また入り江の一つ一つに船で入ってみると，殆どの入り江の奥部で自然の海岸線が失われていることに驚かされる．入り江の奥部は歴史的に埋め立てられて農地に転用され，あるいは，潮受け堤に締め切られてその内部が湿地や荒れ地になっている場合も少なくない．

長年にわたる真珠養殖が英虞湾の環境に与えた影響も正しく評価されなければならない．真珠養殖がなかった時代に比べると，アコヤガイの糞などが底質に及ぼす影響や大量の養殖施設が海水流動に及ぼす影響が無視できないからである．アコヤガイの養殖管理上頻繁に行われる貝掃除は，一面，アコヤガイから除去される付着有機物により海底への負荷を増やしている．

1・2 英虞湾の「健康診断」結果

前記のような状況にある英虞湾の，より客観的な健康診断結果はどのようなものだろうか？「海の健康診断」[1, 2] 第一次検査を英虞湾に適用した場合の診断結果を見てみよう．ここで「海の健康診断」は，人間の健康診断と同じく定期健康診断にあたる一次検査と，一次検査で疑わしい兆候が出た場合に実施する精密検査にあたる二次検査で構成されている．一次検査は「生態系の安定性」と「物質循環の円滑さ」の2つのカテゴリーの検査により成り立っており，前者を「生物組成」・「生息空間」・「生息環境」の3つの視点で，後者を「基礎生産」・「負荷・海水交換」・「堆積・分解」・「除去」の4つの視点で検査・診断し，まず一次診断カルテが作られる．

診断結果の概要を一次診断チャート（図9・1）で見ると，検査対象となった6つの評価軸の内，生息空間のBランクを除いて他の5項目では全てCランクで，問題の大きいことがわかる．全てがCランクの東京湾に比べて多少は「まし」

なものの，一見，風光明媚で国立公園内に位置する英虞湾の健康状態が，全国88閉鎖性海域のなかでも低位に位置づけられていることは，この健康診断手法に検討の余地があるとしても，非常に重要な指摘がなされているとみるべきである．

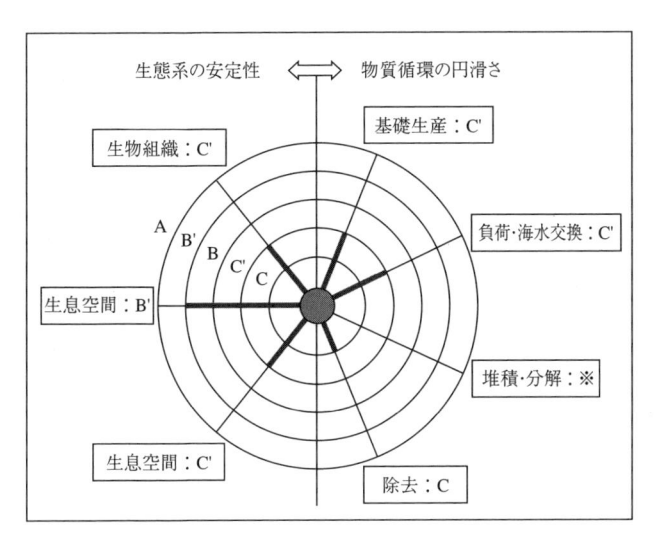

図9・1　英虞湾の「健康診断」結果を示す一次診断チャート

1・3　「閉鎖性海域における環境創生」プロジェクトとは

　このような英虞湾の状況を背景にして，前記の「閉鎖性海域における環境創生」プロジェクト（2003～2007）が開始された．このプロジェクトは科学技術振興機構[3]の公募型事業で，地域の大学，研究開発型企業，公設試験研究機関などの研究ポテンシャルを結集して，共同研究を通して独創的な新技術や新産業の創出を図ることを目的にしている．予算は国と地域（地元）が折半で負担し，地域には県や企業が含まれる．プロジェクト終了後には地域の研究開発拠点と人材育成の場としての地域COE（Center of Excellence）の形成が目指されており，プロジェクトの成果を地域で持続的に生かそうという構想である．
　このプロジェクトでは，長年にわたり海底に堆積したいわゆるヘドロの有効利用と干潟・藻場を一体化した浅場造成により自然浄化能力の向上を図るとともに，環境調和型養殖システムを確立して，海域の環境保全と真珠の生産活動

が両立する新たな環境創成を目指している．長期的には技術開発の成果を，内外の閉鎖性海域の問題解決のために移転する構想である．なお，筆者はこのプロジェクトで新技術エージェントと呼ばれる研究技術系のコーディネータを務めている．

本プロジェクトのテーマ構成は，研究テーマⅠ「新しい里海の創生」と，研究テーマⅡ「英虞湾の環境動態予測」の2つからなる．研究テーマⅠ「新しい里海の創生」の具体的な内容は，干潟・藻場などの有する自然浄化能力と生物生産能力を定量的に評価し，浄化能力を最大限に発揮させるために陸域から浅場まで一貫したシステムとして自然再生を図る技術を開発するものである．あわせて，環境に配慮した環境調和型真珠養殖技術の開発も行う．また，浚渫ヘドロを「有機物を多量に含む未利用資源」と考えて，他の産業から発生する焼却灰などの不要物の有効利用と合わせて固化造粒し，新たな浅場造成資材としてその活用再利用を図る技術[4]を開発した．一方，研究テーマⅡ「英虞湾の環境動態予測」では時々刻々変わる英虞湾内の水質を常時監視する自動モニタリングシステムの開発と環境予測モデルの開発を行う．自動モニタリングシステムは既に設置を完了し，連続的に稼働しているので，このシステムを用いたシミュレーションモデルの開発が行われている．モデルの完成後には，物質循環の解析，水質予報などの環境動態の予測や藻場・干潟造成などの環境改善技術の評価に利用される．さらに，これら成果の情報発信システムを構築する予定である．

§2.「新しい里海」にふさわしい干潟造成法
2・1 目指すべき「新しい里海」の考え方

このプロジェクトでは，沿岸海域が目指すべき「新しい里海」の考え方として，「人の手を加えることによって生物生産性と生物多様性の両方を高く維持すること」を提案している．また，「海の健康診断」では「生態系の安定性」と「物質循環の円滑さ」の重要性を指摘した．これに関して，英虞湾では，一見したところの景観の美しさにもかかわらず，赤潮の発生は「生態系の安定性」が損なわれていることを示唆しているし，多くの入り江奥部が潮受け堤防で分断されていることは，「物質循環の円滑さ」が失われている状況を示している．

損なわれた英虞湾の健康を回復するために,「生態系の安定性」と「物質循環の円滑さ」を取り戻すにはどうしたらよいであろうか? ここでは,浅場を中心とした「生態系の安定性」と「物質循環の円滑さ」を取り戻す手法を紹介し,具体的事例として干潟に人の手を加えることによって干潟生物の生産性と多様性の両方を高めることができることを示したい.

2・2 失われた干潟と分断された生態系

1) 潮受け堤防による干潟の喪失

リアス式海岸で名高い英虞湾には細く入り組んだ数多くの入り江がある.人工衛星画像で見る英虞湾は,細かく分岐してその末端部はあたかも"毛細血管"のようである(図9・2).しかし,この毛細血管の末端は,多くの場合,潮受け堤防で締め切られて機能的には"壊死"した状態にあることがわかってきた.具体的なデータで見てみよう.

図9・2 人工衛星から見た英虞湾とリアス式海岸線

国分[5]は英虞湾全域の干潟面積を把握するために,航空機に搭載したマルチスペクトラルスキャナ(MSS)を用いて,2004年7月の満潮時と干潮時に観測を行った.それぞれのMSSの近赤外(756.2〜770.8 nm,919.0〜976.0 nm,993.0〜1081.0 nm)の画像より海域と陸域の区別を行い,その差分から干潟面積を抽出した.干潟の形態については,MSS画像解析と現地調査により,河口干潟,湾奥部などの前浜干潟,堤防内湿地(後背湿地)に分類し,これに人工干潟を加えて,それぞれの面積を算出した.分類した各干潟について

は代表的な場所に観測点を設定し，季節ごとに通年の底質，すなわち，粒度分布・含水率・強熱減量（IL）・酸化還元電位（ORP）・pH・COD・全硫化物（T-S）・全窒素（T-N）と底生生物（個体数・種類数・湿重量）の変化を調査した．

その結果，英虞湾内に現存する全干潟面積は約 0.84 km² であり，その中で河口干潟が 0.03 km²，前浜干潟は 0.81 km² であった．また過去に干潟であった堤防内湿地の面積は 1.85 km² で，そのうち現在農耕地として利用されている面積が 0.31 km²，荒れ地として放置されている面積が 1.54 km² であると見積もられた．英虞湾の海域面積が 27.1 km² であることから，現存する干潟は海域面積の約 3 %，過去に存在した干潟は約 10 % であり，これまでに英虞湾内で約 70 % の干潟が消失したと推定された．例えて言えば，前述の"毛細血管"の 7 割までが"壊死"している状態である（図 9・3）．ちなみに，海域面積の 10 % に及んだかつての英虞湾の干潟面積比は，広大な干潟で有名な有明海のそれ（12 %）に匹敵するもので，東京湾の約 1 %，伊勢湾の約 0.8 % をはるかに凌いでおり，英虞湾では干潟が重要な役割を担っていたことが示唆される．

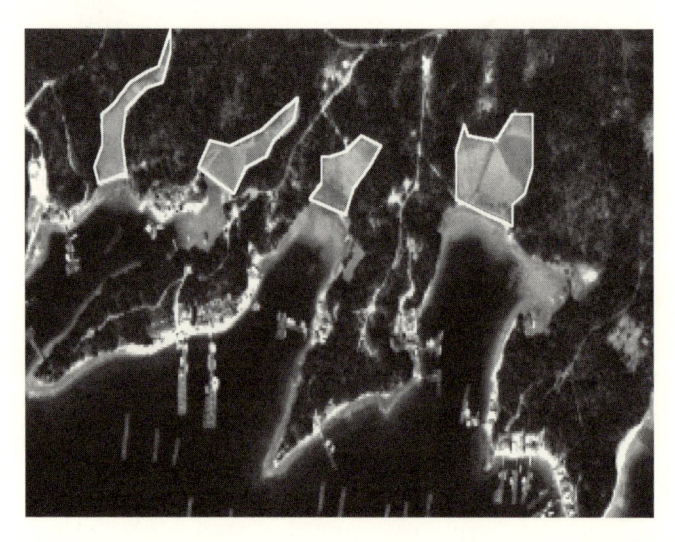

図 9・3 埋め立てや潮受け堤防による入り江奥部の環境改変状況（白線で囲まれた部分はかつて入り江の一部であった）

2) 潮受け堤防による生物相の貧弱化

前述のように分類された干潟の形態別に，生息する底生生物を食性別に，懸濁物食性・表層堆積物食性・内層堆積物食性・腐食性・肉食性の5種類に分けて図9・4に，またそれぞれの干潟の底質を表9・1に示した[5]．河口干潟では河川からの土砂や栄養物質の流入を反映して，砂泥質で有機物含有量が多く，そのため懸濁物食性から肉食性までの豊富な生物相が定着して個体数も最も多かった．英虞湾内に最も多い湾奥部の前浜干潟は，砂礫質で有機物含有量が少ないために，定着する生物は海水中から栄養を得る懸濁物食者が主体であり，個体数も少なかった．また，堤防内湿地では，水の交換も悪いため底質は還元的であり，生息する底生生物は最も少なかった．一方，浚渫土を加えた人工干潟においては，泥分を混合することで底質の有機物含有量が増加し，懸濁物食性に加えて表層堆積物食性の生物が増加することがわかった．これらは，国分ら[6]の研究により明らかになった点である．

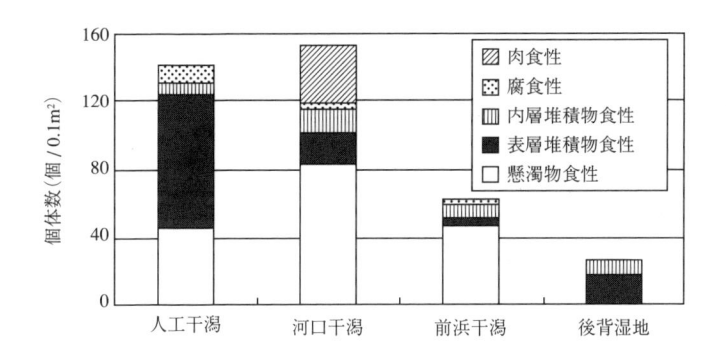

図9・4 形態別干潟に生息する食性別底生生物の個体数

表9・1 形態別干潟における底質環境の特徴

	人工干潟	現存干潟		消失干潟
	浚渫土30%	河口干潟	前浜干潟	堤防内湿地
外観性状	砂泥質	砂泥質	砂礫質	泥質
含泥率（%）	47.3	46.3	13.4	74.2
COD (mg/g)	13.9	24.5	6.8	47.8
AVS (mg/g)	0.05	0.15	0.11	0.34

以上から，潮受け堤防内の後背湿地では，CODとAVS（酸揮発性硫化物）が非常に高く，過栄養で還元的な底質環境となっていたために，生物相は著しく貧弱なことがわかる．これに対し，潮受け堤防前面の前浜干潟では，流入栄養物質が潮受け堤防内にとどまるために，相対的貧栄養化の様相を呈し，CODやAVSが低いレベルにあるにもかかわらず生物個体数は河口干潟に比べて明らかに少ない状態であった．つまり，潮受け堤防の中と外の関連性が断たれて，中では過栄養，外では貧栄養的な状況により双方の生物相がともに貧弱化していたことがわかる．この現象は，潮受け堤防による生態系と物質循環系の分断によるものと考えて差し支えない．

2・3 前浜干潟の生物相を人為的に豊かにする試み

1) 実験的に生物の個体数と種類数を増やすアプローチ

英虞湾再生プロジェクトでは，前述のように分断された物質循環系を回復して豊かな里海をつくり出そうと考えている．そのための1つのアプローチは，不必要な潮受け堤防を将来的に撤去する方向の環境修復で，「潮受け堤内換水実験」はこのアプローチの初期段階のものである．「潮受け堤内換水実験」とは潮受け堤防が周辺環境に及ぼす影響を実証するためのユニークな現場実験で，2005年に開始された．海水の交換が失われている潮受け堤の内部に，外部の潮汐に応じて海水を人為的に導入し，また排出しようとする実験である．実験結果は解析中であるが，潮受け堤内の環境と生物相が海水導入により改善される様子が明らかになりつつある．

一方，少し沖側の海底には，いわゆるヘドロ状の富栄養で還元的な汚泥が貯まっている．すなわち，潮受け堤防前面の前浜干潟と，沖側の深みとの間にもある種の二極分化が起きている．したがって，2つ目のアプローチは，この深みの富栄養な汚泥を浚渫で取り除くと同時に，この有機物に富んだ堆積物を，相対的貧栄養化が生じている前浜干潟に添加して，人為的に生物相を豊かにする試みである．

図9・4に示した人工干潟のデータは，このような相対的に栄養分の少ない干潟に浚渫泥を添加した場合の変化を示している．この図から，浚渫泥の添加により，生物の個体数が天然の栄養豊かな河口干潟と同等のレベルまで増大したことがわかる．国分ら[6]は，前浜干潟の砂礫質な現地盤土に浚渫泥を適切な割

合で混入すると，単位面積当たりの底生生物の個体数と種類数がともに増加することを現場実験で実証した．すなわち，底生生物（マクロベントス）の定着に適した底質条件は，COD が 3〜10 mg / g-dry, 粘土・シルト含有量が 15〜35％であることがわかった．COD と粘土・シルト含有量との関係は非常に相関が高いことから，干潟造成の際にはどちらか一方を設定することにより，適正な干潟の造成が可能である．上記の適正値から，英虞湾の浚渫泥を用いて人工干潟を造成する場合の浚渫泥の最適混合割合は約 20〜30％である．

干潟造成手法とともに漁業者や住民が参加しやすいアマモ場造成技術の開発も行われた．アマモ場には多数の葉上動物などが生息するため，人工干潟にアマモ場を合わせると，さらに多様な生物の生息環境を作り出すことができることが明らかとなった．

2）英虞湾方式の環境再生

これまでに明らかになった点をもとにして，英虞湾方式の環境再生手法のポイントをあげておきたい．これらは，いずれも「新しい里海」の創生に利用できるものである．

①湾奥に多数存在する潮受け堤防の内部では過栄養化が進行し，生物生産機能や分解浄化能が減退している．

②潮受け堤防の前面（海側）の前浜干潟は，堤防内に物質が貯まるため，相対的に貧栄養化している．

③潮受け堤防の構築による海水流動と流入負荷構造の変化から，少し沖合の深みには，ヘドロ状の栄養豊富な汚泥が堆積している．

④深みに貯まっている汚泥が浚渫される場合，資源として有効利用すれば，深みの環境改善とあわせて相対的に貧栄養化している干潟の生物活性をあげることができる．

⑤このようにして干潟の生物生産性と生物多様性の両方をあげることは「豊かな里海」の創生につながる．

⑥潮受け堤防により阻害されている海水流動を回復して，潮受け堤防の内部に干潟や藻場を再生することができれば，潮受け堤防の中と外の環境と生態系の改善を同時に実現することが可能である．

⑦このような環境改善によって陸域から海の深みまでの連続性，具体的には

物質の移動，水の流れ，生態系のつながり，生物の移動などがスムーズになり，円滑な物質循環の再生が期待できる．
⑧さらに，浅場での浄化能の増大，流動状況の改善により，深みでの沈降物質量の削減も期待できる．
⑨以上の環境再生手法には，陸域から大量の資材やエネルギーなどを海域に持ち込む必要がない．

なお，④の汚泥浚渫は，極めて対症療法な環境改善手法であり，海底がヘドロ化する原因を断つ訳ではなくまたコストも高いので，筆者がこれを全面的に支持している訳ではない．しかし，現実的に浚渫は英虞湾のみならず公共事業として広く行われているので，現状では，むしろこれを有効利用した方がよいという立場である．

以上の要点を模式的な概念図として図9・5，図9・6に示した．図9・6は概念図ではあるが，データの分布は，概ね，実際に計算された生物多様性指数の分布に対応している．この図から，有機物の少ない堤防前干潟に有機物を加えて生物多様性を増やすことができる状況と，また，有機物の多すぎる潮止め堤内後背地の栄養分を減らすことにより生物多様性を増やすことが可能であることがわかる．つまり，この図のデータ分布から，干潟に適切に人の手を加えるこ

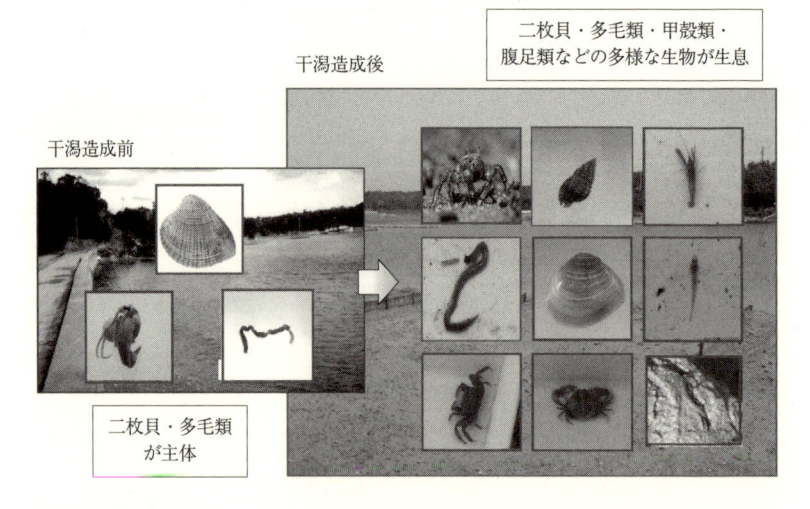

図9・5 浚渫泥を加えることによって干潟の底生生物の種類数が増える状況を模式的に示したもの

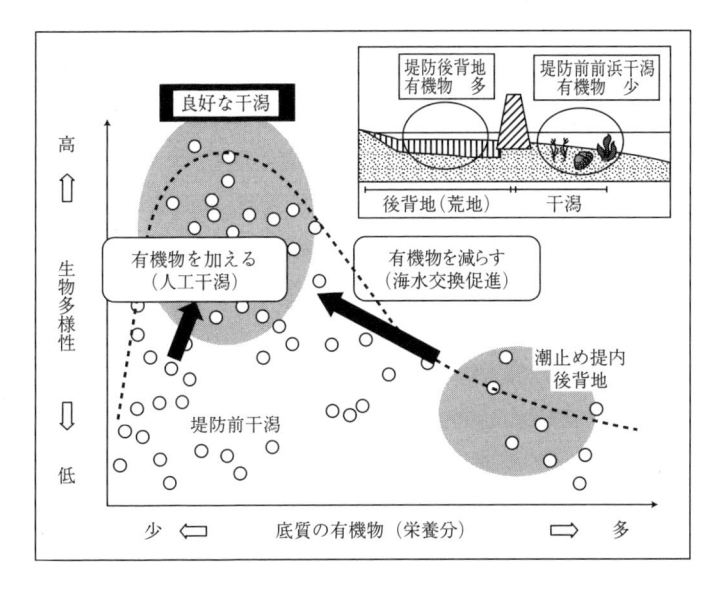

図9·6 英虞湾の干潟・藻場の改善策概念図

とによって，干潟生物の生産性と多様性の両方を高めることができることが原理的に理解できる．豊かな生物相を備えた干潟では，生物学的な浄化能も高まることが十分期待され，実際に浚渫泥を添加した人工干潟では，基礎生産速度や酸素消費速度が，対照干潟に比べて増加した．すなわち，適切に人の手を加えることによって，「生態系の安定性」と「物質循環の円滑さ」を増大させる方向で「豊かな里海」をつくりうることが，干潟域では，少なくとも実験的には実証されたといってよい．

§3. 環境モニタリングから環境動態予測へ

3·1 英虞湾再生プロジェクトにおける環境モニタリングの位置づけ

「英虞湾の環境動態予測」（テーマⅡ）は，英虞湾再生プロジェクトの中で「新しい里海の創生」（テーマⅠ）と並ぶ主要なテーマである．ここでは，この中から，すでに設置を完了し，水質と海水の流動状況を連続的に監視している自動環境モニタリングシステムと開発中の環境動態予測システムについて紹介する．前者の自動観測システムでは，英虞湾内の5地点で常時水質（水温・塩

分・溶存酸素・濁度・クロロフィル）を観測する自動観測システムと，2地点で流向流速を常時観測するシステムが稼動中で，1時間ごとに1m水深ごとのデータを取得しているので，観測事例も紹介する．観測データはインターネットなどを通じて公開されているので，真珠の養殖管理にすでに利用されているのみならず，研究面，応用面を含めて多様な有効利用が期待できる．

3・2 自動観測システムの概要

稼働中の自動水質観測局は，湾口部の観測ブイ，湾央（タコノボリ）・湾奥（立神）・神明・船越の観測筏からなる5局である．湾口部の観測局のみがブイ形式なのは，湾口の波浪条件が湾内に比べて著しく厳しいためである．また，湾央部の海底には流況をモニタリングするための超音波流速計[7, 8]が2基設置されている．

自動観測システムの全体概念図を図9・7に示した．5ヶ所の観測局の観測データと機器運用情報（トラブルなど）はDoPa網を通じてNTTに送られ，インターネットを経由してコア研究室の観測パソコンに送信される．コア研究室で

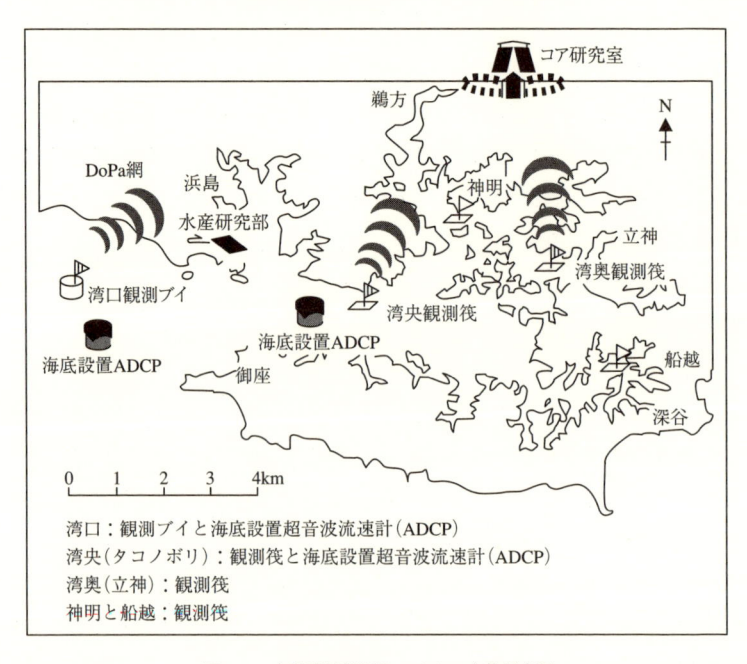

図9・7　自動環境観測システムの全体概念図

は観測パソコンで受信したデータをデータベースとして蓄積管理し，これを加工してインターネット上でリアルタイムに公開している．自動観測システムによるリアルタイムの観測データを公開しているホームページに，パソコンからアクセスする場合のURLは，http://www.agobay.jp/agoweb/index.jspで，携帯（iモード）でアクセスする場合のURLはhttp://www.agobay.jp/agoweb_i/index.jspである．

3・3 モニタリングにより明らかにされた英虞湾の環境特性

自動観測システムによる3年以上にわたるモニタリングデータから見出された英虞湾の主な海洋環境特性[9]を紹介しておきたい．このうち，海水交換の特徴は，主として海水流動の観測結果から導かれたものである．モニタリングデータの表示例を図9・8（カラー口絵）に示した．

1）水温・塩分・密度構造

①夏季は湾奥ほど水温が高く，塩分が低い．この時期の湾奥における低塩分化傾向は，鵜方浦と神明浦で最も強い．冬季には湾奥ほど水温が低く，立神浦では湾口部より5℃程度低くなる．

②水温成層（表層と底層の水温差1℃以上）は概ね5月から10月初旬まで形成され，塩分成層（表層と底層の塩分差1 psu以上）は概ね4月から11月までの期間に生じる．したがって，塩分成層期間が水温成層期間よりも長い．

③海水密度の鉛直構造と季節変化は塩分のそれに類似しており，英虞湾の密度構造に及ぼす影響は水温よりも塩分のほうが強いといえる．

④厳冬期（1，2月）には，湾口部から湾央にかけて密度フロントが形成され，その地点の密度が極大となる．

2）貧酸素水塊の発生

①降雨による淡水流入と相関して，湾奥の中・底層で貧酸素化現象が観測された．この現象は，植物プランクトンの増殖後の沈降と，塩分成層による鉛直混合の弱体化に起因するものとみられる．

②2005年の湾奥中底層の貧酸素化は，梅雨期（6月），台風時期（8月），秋雨時期（10月）の3回発生した．

3) 植物プランクトンの増殖
①湾奥では植物プランクトンの増殖は高水温期の5～10月に生じ，冬季にはほとんど生じない．一方，湾口では2月下旬に珪藻ブルームが発生し，夏季の増殖は冬季ほど明瞭ではない．湾央は両者の中間的な特性をもつ．
②夏季の湾奥中底層で渦鞭毛藻類の大増殖と明瞭な日周鉛直移動が観察された．渦鞭毛藻は貧酸素水塊の周辺部（DO濃度4mg/l程度）に高密度で分布していた．
③湾奥局の観測データからは，降雨による淡水流入時の植物プランクトンの増殖，増殖した植物プランクトンの光合成に伴う酸素濃度の増大，その後のプランクトンの沈降が数例確認された．

4) 濁度
①夏季の湾央と湾奥の底層において，濁度が増加する傾向が観察された．この傾向は植物プランクトンの増殖時期と一致しており，植物プランクトンの増殖による濁度の増大と推定される．
②強風などで海が荒れた時の濁度の急増とその後の減衰が明瞭に記録された．
③湾央と湾奥では大潮期に海底からの堆積物の巻上げが強まり，再懸濁によって底層の濁度が増大する．また，湾央では上げ潮時から満潮時にかけて，湾奥では下げ潮時から干潮時にかけて巻上げが強く生じる現象が観察された．

5) 海水交換
①厳冬期（1，2月）には，北西風による吹送循環が卓越し，表層流入と底層流出による強い海水交換が行われる．
②春季（3～4月）には北西風が弱まり，気温上昇と淡水流入により弱い成層の形成と，低塩分水の表層流出に伴う海水循環が始まる．
③初夏（5～6月）には，伊勢湾系と推定される低塩分水が湾口に集積し，湾口の塩分の鉛直勾配が最大化する．この影響で，低塩分水の表層流入，高塩分水の底層流入，湾内水の中層流出の形態となる．
④夏季（7～9月）には風による表層水のエクマン輸送作用で，湾口表層への低塩分水の集積と湾口底層の高塩分水の湧昇が繰り返し交互に発生す

る．湾口底層の高塩分水の湧昇時に，湾内の底層に高塩分の重い海水が侵入し，比較的強い海水交換が行われる．

⑤秋季から冬季（10〜12月）には，気温低下による海面の表層冷却効果で成層が崩壊し，鉛直混合が進む．その結果，湾外の塩分が湾内に比べて高くなり，底層流入・表層流出の形態の海水交換が進む．北西風は吹送作用でこの重力循環を弱めるので，海水交換は主に北西風の弱体時に行われる．

3・4 環境動態予測システムの開発

ここまで，主として自動モニタリングシステムとその観測結果について紹介したが，プロジェクト全体としては，水質と海水流動の自動観測と合わせて，環境動態シミュレーションのために，物理的な流動モデルと生態系モデルの開発が進められている（図9・9）．このうち，3次元流動モデルでは，物質循環の解明に必要な英虞湾内の流動特性がかなり高い精度で把握されつつあり，一方，生態系モデルでは，英虞湾内の炭素・窒素・リン（C・N・P）の循環様式の把握と，英虞湾に特有なアコヤガイの養殖が物質循環に及ぼす影響が定量的に把握されつつある．

これらのモデルは，物質循環の検討や環境改善手法の評価，例えば人工干潟やアマモ場造成の効果判定や真珠の適正養殖量の見積もりなどに使われる他，

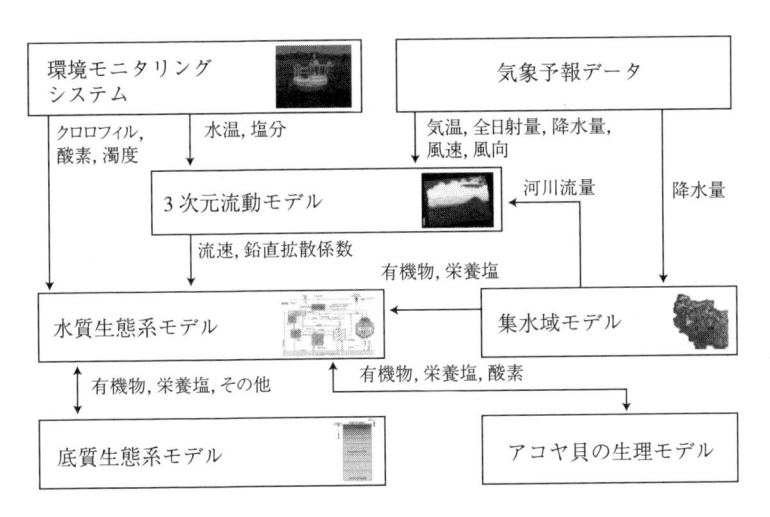

図9・9 英虞湾環境動態予測システム概念図

最終的には水質の予測に利用される計画である．具体的には，環境モニタリングシステムの観測データを入力データとし，当面，数日先までの流動と水質の予測が行われる予定である．予測内容としては，外洋水の侵入，それに伴う貧酸素水塊の移動，赤潮の広がりなどを想定しており，このような予測が実現できれば，英虞湾の真珠養殖管理にも極めて有益である．

§4. 多様なグループの連携
4・1 多様な連携の重要性

地域の自然再生を進める上で，「多様なグループの連携は欠かせない」とよくいわれる．自然再生推進法をはじめとする多くの新しい制度も，多様なグループの連携を条件としたり推奨したりしている．しかしながら，多様なグループの連携は，実際にはそう簡単ではない．連携の進め方に決まったノウハウがあるわけでもないので，実行段階で行き詰まって単なるお題目に終わっている"連携"も少なくない．英虞湾の自然再生においても，多様なグループの連携は最終的に最も大きな課題といえよう．

英虞湾再生プロジェクトは，そもそも産・官・学・民の多様な組織を取り込んだ連携プロジェクトであり，直接的な研究メンバーとして，大学，国や県の研究機関，民間企業などが含まれるほか，助言や交流促進などの様々なサポートシステムには，環境省，三重県や地元志摩市などの行政機関，漁協関係者や民間のグループが加わっている．したがって，従来型の組織に比べれば，はるかに多様なグループがプロジェクトの推進力になっている．にもかかわらず，共同研究事業であるために，依然として産官学，とくに研究者中心の色合いが強いのもまた事実である．率直にいえば，地域の住民や地元の活動との連携性が，まだ十分でない．

4・2 連携の舞台「英虞湾の再生を考えるシンポジウム」

1) "知らせる"から"意見を交わして考える"シンポジウムへ

英虞湾において，以前から最も多様な連携を進めてきたのは，「英虞湾再生コンソーシアム」と呼ばれるNGO的なグループである．このグループは，地元の真珠養殖業者からなる立神真珠研究会が核となり，これに多様なメンバーが加わって形成された．このグループの最も顕著な活動は，年に一度の「英虞

湾の再生を考えるシンポジウム」を毎年開催してきたことであり，2007年2月で第7回を迎えた．この歩みを振り返ることで，同シンポジウムを通じて連携の輪がどのように広がってきたかを窺うことができる．

例えば，シンポジウム主催者は，第1回（2001）には立神真珠研究会のみであったが，英虞湾再生コンソーシアムが結成されると，第2回からはこれが主催者となり，第4回からは三重県や科学技術振興機構がそれに加わった．さらに第6回では，共催に志摩市や水産庁が加わり，環境省が後援を始めるといった具合である．

シンポジウムの内容も回を追って変わってきた．第3回までは調査報告と講演が中心だったが，第4回からは毎回パネルディスカッションも行われた．この変化は，"知らせる活動"から"意見を交わして考える活動"への変化ともいえる．また，ディスカッションのテーマは，順に，「英虞湾の再生に向けた行政との連携」（2004），「英虞湾の環境再生のための住民と行政の協働」（2005），「自然再生のあり方と地域の取り組み」（2006），「英虞湾自然再生協議会の設立に向けて」（2007）であり，これらのテーマからも，連携や協働，地域の取り組みがいかに重視されてきたかがわかる．パネリストもテーマに応じて，行政担当者・議員・市長から，研究者・真珠養殖関係者・地域のNGOまで多岐にわたっている．

2)「自然再生協議会」の設置へ向けて

2003年に発足した地域結集プロジェクトも，第3回以降の同シンポジウム実施に深く関わってきた．"民を中心にした英虞湾再生コンソーシアム"と"産官学中心の地域結集プロジェクト"の融合が果たした役割は非常に大きい．なぜならば，このシンポジウム以外に，英虞湾について包括的に考え，論議する枠組みがなかったからである．そして，2007年のテーマからわかるように，「英虞湾の再生を"考える"シンポジウム」は，実態として「英虞湾の再生を"実現する"シンポジウム」へと姿を変えてきた．さらに，こうした経緯を踏まえて，志摩市を中心にした「英虞湾自然再生協議会（仮称）」が近いうちに設置される見込みとなってきた．

4・3 英虞湾再生プロジェクトと地元志摩市の連携

行政的には地元の志摩市が，地域結集プロジェクトの成果をより広範な英虞

湾再生に生かす活動を進めている．同プロジェクトと志摩市は，これまで様々な連携協力関係を深めてきたが，その成果は，志摩市が2005年末に制定し公表した「志摩市総合計画（2006～2015）」で一層明らかになった．

この基本計画の第1章「環境の志－自然とともに生きる」では，「自然保護・再生の推進」の重要性を謳い，「美しい自然環境のなかで暮らし続けるとともに，海，山の資源を持続的に活用していくことができるよう，身近な自然について市民一人ひとりの関心をさらに高めてゆくための取り組みを進めるとともに，志摩自然保護官事務所はじめ，各関係機関との連携を図りながら，自然保護・再生に努めていくことが必要です」として，冒頭から連携の推進が謳われている．さらに，「現在，（財）三重県産業支援センターが中核になって『英虞湾再生プロジェクト』を展開していますが，今後は地域の多様な主体が連携し，自然再生に取り組んでいかなければなりません」と宣言している．

また，これらを受けての施策の方向としては，「『英虞湾再生プロジェクト』の取り組み成果を有効活用していくため，地域組織ならびに関係機関と連携を図りながら自然再生推進法に基づく地域自然再生協議会の設立に向けて取り組みを進め，自然環境の保全に努めます」と明記されている．市の総合計画は市議会の議を経た公的なものなので，これは実に大きな一歩といえる．

4・4 地域の環境教育と研究事業の連携

英虞湾再生プロジェクトでは，講師の派遣など多様な形で英虞湾の環境教育に関わってきたが，ここでは立神小学校での取り組みを中心に，地域の環境教育と研究事業の連携状況を紹介する．志摩市立立神小学校は，2000年度から，総合的な学習の時間に地域住民の協力により真珠やカキ養殖について学ぶ養殖体験授業を導入し，これをきっかけにして，海の環境学習が始まった．一方，2000年度から，立神真珠研究会は立神小学校に，浚渫泥を用いた造成干潟[10]へのアサリ放流試験への参加を呼びかけ，当時の4年生は放流したアサリ種苗を6年生までの2年間にわたって追跡調査した．地域結集プロジェクトがスタートしてからは，干潟やプランクトンの観察を通して沿岸環境について考えるなど，多様な環境教育が進められている[11]．環境教育を進めたい学校側の意向と，研究成果を地域へ還元したいプロジェクト側の思いがつながった形である．

2005年の7月と9月には，環境省主催の「子どもパークレンジャー事業」が

立神地区で実施され，当プロジェクトもこの活動に参加した．行政，学校関係者，専門家から地域のボランティアまで，実に多様な関係者が，それぞれの特徴を生かしながら役割分担して1つの事業を進めた経験は，まさに環境教育における「多様なグループの連携」のモデルケースといえるものであった．

しかし，次第に，このような環境教育を英虞湾全域に広めるための実践マニュアルの必要性を感じるようになった．個々の実践現場への研究者の派遣などには自ずと限界があるからである．おりしも，三重県環境森林部が2005度に「三重県環境教育実践プログラム集」を作成することとなり，モデル地区の1つとして立神小学校が選ばれた．志摩市の教育委員会の下にプログラム策定委員会が組織され，当プロジェクトからも委員が参加し，これまでの実践事例に汎用性をもたせた形のマニュアルが取りまとめられた．完成したマニュアルは県下の小中学校へと配布され，様々に利用されつつある．

ちなみに，立神小学校はこれまでの環境学習への取り組みが高く評価され，2006年度「みどりの日」には，自然環境功労者として，校長が環境大臣表彰を受けるに至った．

4・5　国内外の連携の広がり

1) 第16回沿環連ジョイントシンポジウムと英虞湾再生プロジェクト

「沿環連」の名で知られる沿岸環境関連学会連絡協議会の標記シンポジウムが，2007年1月13日に，東京駿河台の日大理工学部で行われた．シンポジウムの直接のテーマは「英虞湾再生プロジェクト」であったが，サブタイトルに「－地域連携型の研究開発事業は環境問題を解決できるか－」とあるように，問題解決に資する研究開発のあり方，研究成果をいかに実際の環境再生に結びつけるかが大きな論点となった．英虞湾再生プロジェクトは広範な分野を含むので，特定の学会に偏らない，このような場で，多角的な議論の対象となったことはプロジェクトとしても非常に幸いであった．

2) 第7回世界閉鎖性海域環境保全会議への組織的参加

フランスのノルマンディー地方，カーン市で2006年5月に開催された第7回世界閉鎖性海域環境保全会議（EMECS7）[12]へは，英虞湾再生プロジェクトから加藤研究統括以下，10数名が組織的に参加して多くの研究発表を行い，志摩市からも竹内市長と担当官が出席した．英虞湾プロジェクトは最終日の総

括討論でも大きく取り上げられ，"*Sato Umi*"（里海）の考え方も「地域社会」と「沿岸環境」の共生関係の新しいあり方として予想外に肯定的に評価された．

3）日米UJNRシンポジウムとの連携

UJNRはUS-Japan-Natural-Resourceの頭文字で，日米2国間の天然資源にかかわる政府間協定に基づく合同会議である．この水産増養殖専門部会（パネル）の第35回UJNR日米合同シンポジウムが，2006年11月に英虞湾に近い（独）水産総合研究センター・養殖研究所で行われた．筆者はこのシンポジウムに招かれ，英虞湾再生プロジェクトについて，里海の考え方を交えて基調講演を行った．講演後には多くの質疑応答もあり，米国側の関心の高さが窺われた．米国側前部会長のマクベイ博士からは，アメリカの水産養殖も生態系管理型（Ecosystem Based Management）に転換する必要があるという見解とともに，生物多様性と生物生産性の両者に配慮した里海の考え方に対する共感のコメントをいただいた．環境保全と環境修復技術をテーマにしたセッションでは，プロジェクトから国分研究員（三重県）と石樋研究員（養殖研）が研究発表と討議を行った．翌日には一行が志摩市長を表敬訪問し，また，プロジェクトのコア研究室や藻場干潟の実験現場で意見交換を行った．

4）韓国での国際ワークショップ

韓国最大の政府系海洋研究機関である韓国海洋研究院（KORDI）からもワークショップへの招聘があった．「河口沿岸域の機能修復と管理に関する国際ワークショップ」が，2006年11～12月に韓国安山市のKORDIで開催され，英虞湾再生プロジェクトから筆者と国分研究員が招かれて報告を行った[13, 14]．韓国側からもKORDIが推進中の河口沿岸域の環境修復プロジェクトの紹介などがあり，両プロジェクトの共通点が確認されたため，将来的な連携についても話し合いを行った．ワークショップ2日目には，しばしば諫早湾と比較される始華湖（湾を締め切り淡水化した旧海域）や干潟実験現場，環境教育施設などの見学も行われ多くのヒントを得ることができた．

5）クウェート環境庁との連携

クウェート政府環境庁（EPA）とJETROのジョイントプロジェクトとしてクウェート湾の環境改善が進められている．テーマが「干潟造成」・「自動環境モニタリング」・「人材育成」と，英虞湾再生プロジェクトに非常に近いことも

あり，2007年2月にクウェートで開催されたセミナーに招かれた．英虞湾の自動モニタリングシステムについて紹介し，情報交換を行ったが，同年4月，8月にはEPAの長官代行以下7名が英虞湾を現地研修のために訪れ，両プロジェクトの関係者が共通の課題に対して認識を深めることとなった．

今後，多様なグループの連携は国境を越えて広がることが予想される．すなわち，閉鎖性海域の環境再生と機能回復は，世界各地で共通の重要テーマとなっているので，国際的な情報交換や相互検証を進めながら研究や技術移転を進めてゆく必要があろう．

§5. さらなる連携の深化と地域の結集に向けて

地域と連携するCOEの構築に向けては，多様なグループとの連携強化，環境教育のシステムづくりへの参画，国際的な情報発信などに取り組んできた．本プロジェクトは将来の志摩市を核とした英虞湾再生の受け皿づくりに向けて地元志摩市と積極的に協議を進めており，真珠養殖業者ともアコヤガイ貝殻の有効利用やアマモ場造成などを通じて連携を深めている．最近のアンケートでは，自動環境モニタリングシステムのデータを，真珠養殖業者が養殖管理に有効に利用していることが明らかになった．

志摩市では現在，自然再生協議会の設立に向けた準備が進められている．自然再生推進法に基づく自然再生協議会には多様な主体の参画が要請されているが，志摩地域には県，大学や民間の試験研究機関の他，伊勢志摩国立公園の自然保護官事務所があり，また英虞湾を一望する横山にはビジターセンターがあって，多くのパークボランティアの活動拠点となっている．官設民営の志摩自然学校が企画するシーカヤックを使った英虞湾エコツアーなども人気が高く，その他にも，英虞湾周辺には環境保全活動や自然観察などをする様々なグループがある．その意味で，英虞湾周辺は多様なグループによる自然再生のポテンシャルが非常に高い地域である．

したがって，これらの多様な活動と，前述の環境教育や地域結集プロジェクトの成果を有機的に関係づけてゆくことにより，多様なグループの連携が本当の意味で地域を結集するものとなりうるはずである．英虞湾の自然再生が民意を十分に反映しながら地元主導型で長期的に展開されていくことを期待したい．

文献

1) シップ・アンド・オーシャン財団：平成16年度全国閉鎖性海域の海の健康診断調査報告書, 2005, 383pp.
2) 海洋研究政策財団：海の健康診断, 考え方と方法, 2006, 59pp.
3) (独)科学技術振興機構：閉鎖性海域における環境創生プロジェクト, CREATE・地域結集型研究開発プログラム, 地域結集型共同研究事業平成18年度版, 2006, pp.26-27.
4) 松田 治：英虞湾の再生③－浚渫泥を再資源化して利用する技術－, アクアネット, 5, 54-59 (2006).
5) 国分秀樹：英虞湾における干潟・藻場の消失と浅場再生へのとりくみ, (財)三重県産業支援センター編「英虞湾の再生を考えるシンポジウム2006」講演録, 2006, pp.15-23.
6) 国分秀樹・奥村宏征・上野成三・高山百合子・湯浅城之：英虞湾における浚渫ヘドロを用いた干潟造成実験から得られた干潟底質の最適条件, 海岸工学論文集, 51, 1191-1195 (2004).
7) 千葉 賢：英虞湾の海水交換に関する研究Ⅰ－走行型ADCPを用いた流動観測－, 四日市大学環境情報論集, 8, 39-60 (2004).
8) 千葉 賢・山形陽一：英虞湾の海底設置型ADCPのオンライン化に関する有効性の研究－三重県地域結集型共同研究事業「閉鎖性海域の環境創生プロジェクト」に関連して－, 四日市大学環境情報論集, 8, 163-174 (2005).
9) 千葉 賢・山形陽一・渥美貴史・加藤忠哉：環境モニタリングによる環境問題解決への貢献, 第16回沿環連ジョイントシンポジウム「英虞湾再生プロジェクト～地域連携型の研究開発事業は環境問題を解決できるか～」, 2007, pp.72-79.
10) 上野成三・高橋正昭・原条誠也・高山百合子・国分秀樹：浚渫ヘドロを利用した資源循環型人工干潟の造成実験, 海岸工学論文集, 48, 1306-1310 (2001).
11) 奥村宏征・国分秀樹・坂田広峰・浦中秀人：地域の小学校が展開する環境教育, 第16回沿環連ジョイントシンポジウム「英虞湾再生プロジェクト～地域連携型の研究開発事業は環境問題を解決できるか～」, 2007, pp.20-24.
12) 松田 治：閉鎖性海域の環境保全をめぐる国際的な動き, アクアネット, 7, 60-64 (2006).
13) O. Matsuda : Overview of Ago Bay restoration project based on the new concept of "Sato Umi" : A case of environmental restoration of enclosed coastal seas in Japan, Proceedings of 1st International Workshop on Management and Function Restoration Technologies fro Estuaries and Coastal Seas (ed. by K. J. Jung), KORDI, 2006, pp.1-6.
14) H.Kokubu and H.Okumura: New technology for developing biologically productive shallow area in Ago Bay, Proceedings of 1st International Workshop on Management and Function Restoration Technologies fro Estuaries and Coastal Seas (ed. by K. J. Jung), KORDI, 2006, pp.49-55.

索引

〈あ行〉

赤潮　17
アサリ　102
有明海　86
有明海の漁業生産　73
有明海の干潟など沿岸海域の現状と変遷　72
有明海・八代海沿岸　70
有明海・八代海総合調査評価委員会　69
有明海・八代海干潟等沿岸海域再生検討委員会　69
有明海・八代海干潟等沿岸海域の再生のあり方　71
生き物の棲み処　36
海の健康診断　140
エコシステム護岸　49
エコポート政策　32
エスチュアリー　10
太田川　58

〈か行〉

河口循環流　60
環境教育　156
環境修復技術　47
環境動態予測　149
環境動態予測システム　153
環境モニタリング　149
汽水域　117, 118
漁場の環境回復　64
懸濁物食者　119
湖沼保全計画　121

〈さ行〉

里海　142
酸化層と還元層　92
シーブルー事業　31
潮受け堤防　145
自然再生協議会　155
自然再生事業　32

自然再生推進法　44
自動観測システム　150
社会基盤整備　28
純生態系代謝量　18
純脱窒量　19
順応的管理　29, 41
食物連鎖　117, 119, 130, 136
人工干潟　50, 106
水質汚濁防止法　10
水質浄化機能　98
ストック　11, 14
世界閉鎖性海域環境保全会議　157
生態系の安定性　142
生態系ネットワーク　34
生態系モデル　59
生物学的生態系操作　17
生物生産性　142
生物多様性　142
全国海の再生プロジェクト　11, 29, 44

〈た行〉

対流的循環流　128, 130
脱窒　98
脱窒速度　109
地域結集型共同研究事業　139
窒素収支　97
窒素循環　99
低次生態系モデル　135
泥質干潟・浅海域　87
底生生態系　136, 137
底生生物　117, 144, 145
底泥の巻上げ・沈降　92
テラス型干潟　38
東京湾再生のための行動計画　29
トップダウン　124

〈な行〉

なぎさ線の回復　83

〈は行〉
排出負荷量　121
浜名湖　101
干潟　143
ヒステリシス　17
広島湾　57
貧栄養化　11, 16
貧酸素水塊　102
フィールド・コンソーシアム　45
富栄養化　11, 16
浮体式藻場　48
物質循環　87
物質循環の円滑さ　142
浮遊系－底生系結合生態系モデル　86
フロー　11, 14
閉鎖性干潟　50
閉鎖度指標　10, 17
ベストミックス　44, 51
捕食圧　124
ボックスモデル　17

〈ま行〉
マクロベントス　109
ミチゲーション　56
密度成層　102
無機化速度　109

〈や行〉
八代海の漁業生産　75
八代海の干潟など沿岸海域の現状と変遷　75
有機物の分解　109
養殖カキ　58
養殖量の縮減　64
溶存酸素濃度　62

〈ら行〉
流域圏　33
流況制御　51
粒度組成　108

本書の基礎になったシンポジウム

平成19年度日本水産学会水産環境保全委員会シンポジウム
「閉鎖性海域の水産環境保全－何が明らかとなったか，何をすべきか」
企画責任者　山本民次（広大院生物圏科）・古谷　研（東大院農）

開会の挨拶　　　　　　　　　　　　　　　　　　　今井一郎（京大院農）
　　　　　　　　　　　　　　　　　　　　　座長　古谷　研（東大院農）
　1．閉鎖性海域における水産環境保全：企画趣旨説明にかえて　山本民次（広大院生物圏科）
　2．東京湾の環境再生：自然再生の目標設定と土木工学的　　　古川恵太（国総研）
　　　アプローチ

　　　　　　　　　　　　　　　　　　　　　座長　清野聡子（東大院総合文化）
　3．東京湾の水環境の現状と自然再生に向けての研究フレーム　灘岡和夫（東工大）
　　　のあり方　　　　　　　　　　　　　　　　　　　　　　八木　宏（東工大）
　4．大阪湾での環境再生動向と環境修復技術の効果検証　　　　上嶋英機（広島工大）
　5．有明・八代海の環境再生へのマスタープラン：　　　　　　滝川　清（熊本大）
　　　熊本県の取り組み

　　　　　　　　　　　　　　　　　　　　　座長　瀬戸雅文（福井県大生物資源）
　6．浮遊系－底生系結合生態系モデルの構築とその適応について　中野拓治（農林水産省）
　　　－有明海泥質干潟を事例として－　　　　　　　　　　　　安岡澄人（農林水産省）
　　　　　　　　　　　　　　　　　　　　　　　　　　　　　　畑　恭子（いであ（株））
　　　　　　　　　　　　　　　　　　　　　　　　　　　　　　芳川　忍（いであ（株））
　　　　　　　　　　　　　　　　　　　　　　　　　　　　　　中田喜三郎（東海大）
　7．広島湾生態系の保全と管理　　　　　　　　　　　　　　　橋本俊也（広大院生物圏科）
　　　　　　　　　　　　　　　　　　　　　　　　　　　　　　青野　豊（広大院生物圏科）
　　　　　　　　　　　　　　　　　　　　　　　　　　　　　　山本民次（広大院生物圏科）

　　　　　　　　　　　　　　　　　　　　　座長　日野明徳（東大院農）
　8．浜名湖の現状と保全への取組み　　　　　　　　　　　　　今中寛実（静岡県自然保護室）
　9．汽水域生態系における二枚貝を中心とした物質循環構造　　中村由行（港湾空港技研）
　10．英虞湾再生プロジェクトの展開と将来展望－小規模　　　　松田　治（三重地域結集）
　　　半閉鎖性海域のモデルとして

総合討論　　　　　　　　　　　　　　　　　　　　　山本民次（広大院生物圏科）
　　　　　　　　　　　　　　　　　　　　　　　　　古谷　研（東大院農）

閉会の挨拶　　　　　　　　　　　　　　　　　　　　山本民次（広大院生物圏科）

出版委員

稲田博史	落合芳博	金庭正樹	木村郁夫
櫻本和美	左子芳彦	佐野光彦	瀬川　進
田川正朋	埜澤尚範	深見公雄	

水産学シリーズ〔156〕　　　定価はカバーに表示

閉鎖性海域の環境再生
Environmental Restoration of Semi-enclosed Seas

平成 19 年 9 月 25 日発行

編　者　　山本民次
　　　　　古谷　研

監　修　　社団法人 日本水産学会

〒 108-8477　東京都港区港南 4-5-7
東京海洋大学内

発行所　　〒 160-0008
東京都新宿区三栄町 8
Tel 03 (3359) 7371
Fax 03 (3359) 7375
株式会社　恒星社厚生閣

© 日本水産学会, 2007.　印刷・製本　シナノ

好評発売中

環境配慮・地域特性を生かした
干潟造成法

中村　充・石川公敏 編
B5判・146頁・定価3,150円

生命の宝庫である干潟は年々消失し,「持続的な環境」を構築していく上で,重大問題となっている.そこで今,様々な形で干潟造成事業が進められているが,環境への配慮という点からはまだ不十分だ.本書は,基本的な干潟の機能・役割・構造を解説し,その後環境に配慮した造成企画の立て方,造成の進め方を,実際の事例を挙げ解説.

瀬戸内海を里海に

瀬戸内海研究会議 編
B5判・118頁・定価2,415円

自然再生のための単なる技術論やシステム論ではなく,人と海との新しい共生の仕方を探り,「自然を保全しながら利用する,楽しみながら地元の海を再構築していく」という視点から,瀬戸内海の再生の方途を包括的に提示する.豊穣な瀬戸内海を実現するための核心点を簡潔に纏めた本書は,自然再生を実現していく上でのよき参考書.

里海論

柳　哲雄 著
A5判・112頁・定価2,100円

「里海」とは,人手が加わることによって生産性と生物多様性が高くなった海を意味する造語.公害等による極度の汚染状態をある程度克服したわが国が次に目指すべき「人と海との理想的関係」を提言する.人工湧昇流や藻場創出技術,海洋牧場など世界に誇る様々な技術に加え,古くから行われてきた漁獲量管理や藻狩の効果も考察する.

有明海の生態系再生をめざして

日本海洋学会 編
B5判・224頁・定価3,990円

諫早湾締め切り・埋立は有明海の生態系にいかなる影響を及ぼしたか.干拓事業と環境悪化との因果関係,漁業生産との関係を長年の調査データを基礎に明らかにし,再生案を纏める.本書に収められたデータならびに調査方法等は今後の干拓事業を考える際の参考になる.各章に要旨を設け,関心のある章から読んで頂けるようにした.

水圏生態系の物質循環

T. アンダーセン 著／山本民次 訳
A5判・280頁・定価6,090円

湖の富栄養化は世界中の深刻な問題である.本編では水圏生態学の基礎的知見に栄養塩循環と化学量論的概念を導入し,理論生態学を環境管理の予測ツールとし,生産性と食物網構造を記述,水圏のリン負荷から細胞内プロセス,食物網内での転送効率と生態系の安定性を明解した.T. Andersen 著「Pelagic Nutrient Cycles」の全訳.

定価は消費税5%を含む

恒星社厚生閣